低炭素社会に挑む土木

編 集

土木学会地球環境委員会
気候変動の影響と緩和・適応方策小委員会
緩和策ワーキンググループ

はしがき

　より豊かな生活，より便利で安全な生活を求めて社会は発展してきた。それを支えてきたのは，「道路」，「鉄道」，「エネルギー施設」，「空港・港湾」，「ダム」，「上下水道」，「防災設備」，「廃棄物処理施設」など社会インフラおよび交通インフラなどである。これらの建設には，上流側ではエネルギー計画，都市計画や交通計画，下流の建設現場ではダム技術，掘削技術，地盤改良技術，リニューアル技術，環境保全技術，再資源化技術などの個別技術，さらには建設資材が必要である。インフラは，上流から下流まで，どの要素が欠けても存在しえない「土木技術の総体」である。

　インフラが整えられ，豊かな生活が可能となったが，一方で，その過程において，より多くのエネルギー，物質を利用してきた社会でもあり，二酸化炭素排出量と廃棄物発生量を増大させてきた。これは，日本に留まらず世界的な問題であり，その弊害が気候変動という目に見える形で，地球規模で顕在化してきた。気候変動の緩和のためには，温室効果ガス排出量を削減する必要があり，その削減のレベルは，2050年までに世界全体で現状から半減相当という厳しいものである。この温室効果ガス排出量を大幅に削減する社会は「低炭素社会」と呼ばれ，環境省における「低炭素社会づくり」の検討では，基本理念として，「カーボンミニマムの実現」「豊かさを実感できる簡素な暮らしへの志向」「自然との共生」が挙げられた。特に「カーボンミニマムの実現」の中では，「省エネルギー・低炭素エネルギーの推進や，3Rの推進による資源生産性の向上等により，二酸化炭素の排出を最小するための配慮を徹底すること」とされている。

　温室効果ガス排出量を削減するための「緩和策」の中でも，インフラは耐用年数が長いため，早急な対策が求められる。日本ではインフラが整い，社会としてはその維持管理が求められる段階に移行しており，建設業界に閉塞感が漂っていることは否めない。土木技術は，研究と開発により改良が重ねられ，今日に至る。低炭素社会の貢献に資する知見と技術も蓄積されている。低炭素社会の構築に向けて社会が大きく舵を切る今，より低炭素な都市開発およびインフラ更新において，今後，建設業界および土木技術が求められる役割は大きいのである。また，途上国においては，インフラ整備はまだまだ不十分であり，途上国のニーズを満たしつつ，二酸化炭素排出量を最小化するために，初めから低炭素な都市計画に基づき，低炭素なインフラを建設することが求められる。低炭素社会の緩和策は，建設業界の土木技術なくして，成しえないのである。

本書は，土木系の専攻に所属する大学院生や建設業界の中堅の土木技術者を対象に執筆したものである。大学院生に対しては建設業界に興味を持ち，かつ，使命感を持って業界を目指してくれるきっかけになればと期待している。建設業界のすそ野の広さや社会への貢献の大きさを知ってほしい。また，中堅の土木技術者に対しては，過去の経験を振り返り，今一度，社会における建設業界の役割を認識し，業界人としての誇りを取り戻すきっかけとなるならば幸いである。

　以下，本書の構成について概略を述べる。1章（塚田　高明）では「低炭素社会に向けたわが国建設業の取り組み」と題し，建設技術者として知っておくべきこれまでの日本の建設業の取り組みと努力を紹介し，今後，建設業が取り組むべき事業を総覧する。2章（高島　賢二）では，「エネルギー政策とそれを支える土木技術」と題し，わが国を中心としたエネルギー政策（技術開発計画）とそれを支えてきた土木（建設）技術の役割を紹介し，低炭素社会構築における「水力発電」の位置付けを解説する。3章（林　良嗣・中村　一樹）では，「低炭素時代の都市・交通システム」と題し，特にアジアを対象とした低炭素交通システムの設計手法を提示し，土技術者が提案すべき生活の質と二酸化炭素排出量の分析に裏付けされた交通システムを示す。4章（森口　祐一）では，「低炭素時代のインフラ素材」と題し，素材供給，マテリアル・リサイクルを含んだ「拡張された」インフラ・システムを低炭素化することが，温暖化緩和策の最も重要な部分であることを説く。5章（松岡　讓）では，「「2℃未満」世界と建設業」と題し，気候変動緩和の目標である「2℃未満」世界を実現させるときの建設事業の量とその内容を論ずる。6章（米田　稔）では，「土木技術と土木技術者の役割」と題し，土木学会，建設業界のこれまでの緩和策への取り組み，および，前章までを参考に土木技術や日本及び世界の土木関連技術者への期待と役割について総括する。

　なお，本書は，土木学会地球環境委員会に設置された「気候変動の影響と緩和・適応方策小委員会」の緩和策ワーキンググループでの検討をとりまとめたものである。本著の刊行にいたるまで，執筆者のみならず，土木学会の関連の方々に多くのご支援をいただいた。紙面をお借りし，深く感謝申し上げる。

　最後に，本書が，大学院生や建設業界で働く方々の応援歌となることを祈念して，はしがきとさせていただければ幸甚である。

滋賀県琵琶湖環境科学研究センター
河瀬　玲奈

電力中央研究所
豊田　康嗣

目　次

はしがき ………………………………………………………………………………………ⅰ

1章　低炭素社会に向けたわが国建設業の取り組み ──────── 1

  1　建設業の環境面から見た特色 …………………………………………………2

  2　地球温暖化の現況 ………………………………………………………………3

  3　建設産業に関わる CO_2 排出量 …………………………………………………3

  4　建設施工段階における CO_2 排出削減 ………………………………………4

    4-1.　日本建設業連合会における取り組み ………………………………4

    4-2.　建設施工段階 CO_2 排出量指標値の設定 …………………………5

    4-3.　建設施工現場における CO_2 排出量調査と削減活動 ……………6

    4-4.　省燃費運転研修会の活動 ……………………………………………9

    4-5.　地球温暖化防止活動のためのツール作成 ………………………11

    4-6.　日建連の新たな取り組み …………………………………………12

  5　温暖化低減策と再生可能エネルギー …………………………………………13

    5-1.　温暖化低減策 …………………………………………………………13

    5-2.　再生可能エネルギーの活用 ………………………………………14

    5-3.　再生可能エネルギーの種類 ………………………………………14

    5-4.　再生可能エネルギー固定価格買い取り制度 ……………………14

    5-5.　再生可能エネルギーの普及 ………………………………………16

  6　低炭素都市・地域への取り組み ………………………………………………20

    6-1.　ゼロエネルギービル（ZEB）………………………………………20

    6-2.　地域分散型エネルギー利用 ………………………………………21

  7　環境配慮設計の推進 ……………………………………………………………22

    7-1.　日建連における環境配慮設計の推進 ……………………………22

  参考文献 ………………………………………………………………………………25

2章　エネルギー政策とそれを支える土木技術 ──────── 27

  1　我が国のエネルギー技術開発に関するこれまでの取組 ……………………28

    1-1.　我が国を取り巻くエネルギー事情の変化と技術関連計画の変遷の概要 ・28

    1-2.　これまでのエネルギー技術関連計画等の整理及び分析 …………31

    1-3.　これまでの技術開発戦略の成果及び教訓と現在の日本の技術的蓄積 ……38

  2　主要技術課題のロードマップ …………………………………………………53

    2-1.　技術課題 ………………………………………………………………53

2-2.	策定方針 ·····································	55
3	世界の水力発電の概況と展望 ················	58
3-1.	水力発電展開のビジョン ····················	58
3-2.	揚水発電の展開 ··························	72
3-3.	CO_2 削減効果 ·························	74
3-4.	水力開発の意義と地球環境への貢献 ··········	74
	参考文献 ·································	77

3章　低炭素社会の都市・交通システム　————— 79

1	はじめに ·································	80
2	経済成長による都市交通からの CO_2 排出構造の変化（診断）	83
2-1.	都市の発展と都市構造の変化 ················	83
2-2.	郊外化とモータリゼーション ················	85
2-3.	渋滞地獄から脱却できる交通インフラ整備 ······	88
2-4.	交通インフラ整備と都市開発の組み合わせ ······	90
2-5.	都市交通からの CO_2 排出構造の診断方法 ······	92
3	低炭素都市・交通システムの将来ビジョン（治療方針） ····	95
3-1.	社会ビジョン ····························	95
3-2.	都市・交通システムのビジョン（都市圏） ······	96
3-3.	都市・交通システムのビジョン（地区） ········	98
4	低炭素都市・交通システムの実現方策（処方箋） ······	99
4-1.	コンパクトで階層的な中心機能配置（AVOID 戦略）	100
4-2.	シームレスな階層交通システムの構築（SHIFT 戦略）	101
4-3.	自動車の低炭素化（IMPROVE 戦略） ··········	103
5	低炭素都市・交通政策の有効性（効果検証） ········	104
5-1.	生活の質の分析 ··························	104
5-2.	ロードマップ評価 ························	106
6	結　論 ·································	110
	参考文献 ·································	111

4章　低炭素社会のインフラ素材　————— 115

1	はじめに ·································	116
2	インフラの整備のための素材と炭素排出 ········	117
2-1.	炭素排出からみた主要素材 ··················	117
2-2.	鉄鋼生産，セメント生産に伴う CO_2 排出 ······	120
2-3.	資源リサイクルと炭素排出削減 ··············	123
3	低炭素社会のインフラ整備に向けたシステム分析手法 ····	126

3-1. 物質フロー分析と物質フロー指標 ･････････････････････････126

3-2. 物質フロー分析から物質ストック分析への展開 ･････････････127

3-3. ライフサイクルアセスメント（LCA）･･････････････････････128

4 巨大災害の経験と低炭素社会への含意 ････････････････････････129

4-1. 東日本大震災による経験と教訓 ･････････････････････････129

4-2. 大災害からの復興における低炭素インフラへの転換 ････････130

4-3. 横断的な連携の必要性と次世代への継承 ･････････････････131

5 インフラに着目した低炭素社会の緩和策の方向性 ･･････････････132

5-1. 緩和策が注目すべき断面 ･･･････････････････････････････132

5-2. デカップリング，資源生産性・資源効率，循環経済 ････････133

5-3. インフラとしての低炭素エネルギー生産技術 ･････････････134

5-4. 緩和策の制度的側面 ･･･････････････････････････････････135

5-5. 低炭素社会におけるインフラ素材の役割 ･････････････････135

参考文献 ･･･136

5章　「2℃未満」世界と建設業 ——————————————— 139

1 はじめに ･･･140

2 構築物の整備と CO_2 排出量 ･････････････････････････････141

3 CO_2 排出の簡易モデル ･････････････････････････････････143

4 建築物の整備 ･･･147

5 交通インフラの整備 ･････････････････････････････････････150

2050年の交通需要と交通インフラ整備量 ･･･････････････････151

「2℃未満」目標の効果 ･･････････････････････････････････153

6 「2℃未満」目標が構造物整備に及ぼす影響 ･･･････････････158

7 気候変動緩和策を組み込んだ国土・都市整備とは ･･････････163

参考文献 ･･･165

6章　土木技術と土木技術者の役割 ——————————————— 167

1 土木分野における緩和策 ･･･････････････････････････････168

2 土木学会からのメッセージ ･････････････････････････････168

2-1. 土木学会アジェンダ21 ･･････････････････････････････168

2-2. 温暖化対策特別委員会報告書 ････････････････････････169

2-3. 土木学会創立100周年宣言 ･･････････････････････････173

3 結語として ･･176

参考文献 ･･176

v

1章

低炭素社会に向けた
わが国建設業の取り組み

1 建設業の環境面から見た特色

「建設業と環境」と言う側面から建設業（土木・建築・住宅・開発工事等を広く実施する業・以下建設業）を見ると，以下の 3 つの特色を有している。従って，21 世紀に世界で求められる「低炭素社会・環境共生社会」をつくることに対して，建設業が果たすべき役割は大変大きい。

① 建設業は資源大消費産業である。その結果として，廃棄物を含む建設副産物の大排出産業でもある。
② 建設業のつくる物はライフサイクルが極めて長い。従って CO_2 排出など，各種の環境への負荷により，地球環境や地域環境に対して，長期に亘り影響を与え続ける。
③ 建設業は生態系や地域環境に対して，直接的な関わりが大きい産業である。

更に，地球環境問題と土木建設事業と言う観点から述べると，土木学会では，1994 年にいち早く策定された土木学会アジェンダの中で，「土木建設事業の成果は，世代を超えて長く人類と地球環境に貢献することが可能である反面，適切な対応を怠れば，環境破壊の方向に働く可能性があり，ここに地球環境問題の解決に土木工学が貢献すべき大きな責務があることを認識する。」と述べられている。

また，2014 年に公表された「土木学会創立 100 周年宣言」の中では，「土木は地球の有限性を鮮明に意識し，人類の重大な岐路における重い責務を自覚し，あらゆる境界をひらき，社会と土木の関係を見直すことで，持続可能な社会の礎を構築することが目指すべき究極の目標と定め，無数にある課題の一つ一つに具体的に取り組み，持続可能な社会の実現に向けて全力を挙げて前進する。」と述べられている。

上記より，持続可能な低炭素社会に向けたわが国の取り組みの中で，土木建設事業を含む建設業の果たすべき役割は，大変に幅広く・大きいこと認識すべきである。

更に，土木建設業に関連する技術者は，上記のような観点から，「持続可能な地球がどうしたら確保できるか」という問題を常に念頭に置くべきである。

1　低炭素社会に向けたわが国建設業の取り組み

2　地球温暖化の現況

　IPCC（気候変動に関する政府間パネル）は，2014 年 11 月に最新の科学的成果をもとに，地球温暖化に関する統合報告書を公表した。

　この統合報告書の要旨は以下の通りである。

・観測された変化：温暖化は疑う余地がなく 1880 年から 2012 年で平均気温は 0.85 度上がった。

・温暖化の原因：人間活動が温暖化の主な原因であった可能性が極めて高い。

・極端現象：1950 年頃からの極端な気候の変化は人間の影響と関連している。

・予測される変化：今世紀末の気温上昇は 0.3〜4.8 度になる可能性が高い。

・長期的な変化：温暖化ガスの排出をやめても影響は何世紀にもわたる。

・リスクの軽減：追加的対策を取らないと深刻で不可逆的影響が非常に高いレベルになる。

・適応策の特徴：適応策でリスクは減らせるが有効性には限界がある。

・削減策の特徴：2010 年比で 2050 年に 40〜70%，2100 年にゼロかそれ以下にすることが必要

・削減策：すべての分野で削減策が存在，エネルギー消費の改善・エネルギーの脱炭素化・森林の保全などの統合的取組みである。

3　建設産業に関わる CO_2 排出量

　建設に関連する産業（建設業，住宅産業，建築設備産業，開発産業等）は，第 1 章で述べた建設業の特色からライフサイクルを通じて，多くの CO_2 排出に関わっている。

　1995 年時点の産業関連表から得られた CO_2 排出量データでは，日本の総 CO_2 排出量 1.36G トンの 42.7%が，上記の建設関連産業の活動に関係しているとされた（図-1）。

| 3

図-1　建設産業におけるCO$_2$排出量の内訳

　その内訳は，建設資材の製造と運搬にかかわる排出量が17.0%，建設施工段階の排出量が1.3%，竣工後の建物運用段階での排出量が24.4%である（図-1）。

　建設業が直接管理できるCO$_2$排出量は上記のうち建設施工段階（1.3%）のみであるが，「低炭素社会に向けたわが国建設業の取り組み」と言う関連から述べるために，建設施工段階に加え，建設資材の製造と運搬に関わる段階と，竣工後の建物運用段階の3つの段階を含めた，ライフサイクル全体を通じての建設業の取り組むべき対応に関して，以下に，記述することする。

建設施工段階におけるCO$_2$排出削減

4-1. 日本建設業連合会における取り組み

　日本建設業連合会（以下日建連）では，環境保全に対する取り組みの指針として1996年に「建設業の環境自主行動計画」を策定し，現在まで改定を重ねている。（2013年より第5版により活動）ここでは，建設業全体でのCO$_2$排出量を述べる必要があるため，日建連における取り組みについて記述する。日建連のこれまでの活動の経緯は以下の通りである。

① 1997年—地球温暖化対策ワーキンググループを設置
② 1998年—日建連としてCO₂排出量目標値を設定
③ 2001年—施工現場におけるCO₂排出量調査を開始
④ 2012年—新たな目標値を制定「2020年度に1990年度比CO₂排出量原単位を20%削減」
⑤ 2013年—環境委員会の下部組織として，地球温暖化対策ワーキンググループを温暖化対策部会へ改組，引き続き温暖化対策の諸活動を継続実施

4-2. 建設施工段階 CO₂ 排出量指標値の設定

施工段階CO₂排出量の指標値については，施工高1億円あたりのCO₂排出量原単位を指標として採用した。仮に日建連全体のCO₂総排出量にすると，景気の状況等によって大きく変動する生産活動の規模（施工高）の変化に影響を受け，個々の現場のCO₂排出量削減活動の実態が把握できないためである。

建設施工段階における各建設現場の主要なエネルギー源は電力，灯油，軽油，重油である。2008年度の調査では電力17%，灯油1%，重油13%，軽油69%になっている（図-2）。

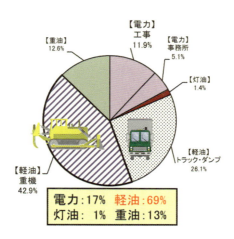

図-2　建設現場のエネルギー別使用比率（2008年度）（日建連　温暖化対策部会資料）

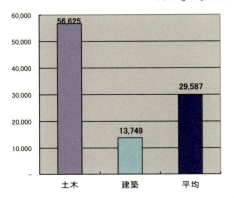

図-3 CO₂排出量原単位比較（2013年度）（日建連　温暖化対策部会資料）

従って，軽油の使用量を削減することが，建設施工段階における CO_2 排出量削減の上での重要なポイントとなる。

建設工事は基本的に単品生産で同じ工事が繰り返されることはない。

工事全体としては，土木工事における CO_2 排出量原単位は，建築工事における CO_2 排出量原単位の約4倍である（図-3）。

このため，建設工事全体に占める土木工事の割合が，建設工事全体の CO_2 排出量原単位の増減に大きく影響する。

土木工事の原単位は，ダムやトンネルなどの工種や，各工事における工程によって大きく異なる。一方で建築工事においては，工種によらず近い値が得られている。

2011年度の土木工事，建築工事毎の工種別の排出量原単位の状況は表-1のようになっている。

4-3．建設施工現場における CO_2 排出量調査と削減活動

2001年以降，施工段階における CO_2 排出量を定量的に把握するため，日建連会員会社の作業所においてサンプリング調査を開始した。

この調査を継続した結果，CO_2 排出量原単位の削減値の推移は図-4の通りになった。

表-1 工種別排出量原単位の例（2011年度）（日建連 温暖化対策部会資料）

土木工事		建築工事	
工種	原単位 tCO$_2$/億円	工種	原単位 tCO$_2$/億円
トンネル	94.4	事務所	13.2
シールド	40.5	店舗	14.6
ダム	95.4	ホテル	18.5
橋梁	43.5	病院	13.3
海洋	74.8	学校	17.3
造成	82.2	集合住宅	13.4
道路・鉄道	44.9	生産施設	18.9
河川	62.5	複合用途	13.7
地下鉄	65.1	その他	7.0
上下水道	39.7		
その他	55.0		
平均値	63.5		14.4

図-4 CO$_2$排出量原単位の推移（日建連 温暖化対策部会資料）

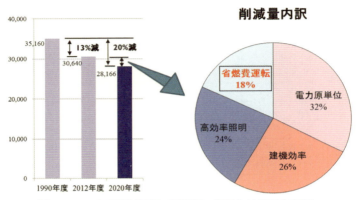

図-5 2020年度削減目標(日建連 温暖化対策部会資料)

　また，2012年度の削減率は13.8％となり，2012年度の目標値13％削減をクリアーすることができた。なお，この調査には2012年度で，会員会社64社，2590の現場が調査に参加している。

　このような成果をふまえて，2013年度から2015年度までの「建設業の環境自主行動計画」(第5版)(日本建設業連合会，2013)の策定に伴い，「2020年度までに，施工高1億円あたりのCO_2排出量を，1990年度比20％削減」と言う意欲的目標を掲げることができた(図-5)。

　また，現在日建連と各会員企業では，CO_2削減活動として以下の取り組みを実施している。

　2020年度目標のCO_2排出量20％削減の達成のための，削減内訳は図-5の通りである。

① 日建連における取り組み
・会員企業等への啓発を行う
・削減活動のための各種資料を作成し，各現場での活用を図る。
・CO_2削減活動の実績を把握する

② 各会員企業における取り組み
・物流の効率を高める
・重機，車両を効率的かつ適正に利用する
・仮電気設備，機器を効率的かつ適正に利用する
・省エネルギーに配慮した工法を採用する
・省エネルギーにつながる行動を推進する
・高効率設備，機器の使用を推進する

4-4．省燃費運転研修会の活動

現場における CO_2 排出削減のために，重要な活動として省燃費運転がある（図-6）。

現場において，特に軽油使用料の多い汎用重機・車両「トラック・ダンプ」，「油圧ショベル」「ラフタークレーン」について省燃費運転の普及促進活動を行っている（図-7）。

技法指導や計測は，車両メーカーにご協力を頂いている。これまでの実施結果から，トラック及びダンプカーについては平均約25%の改善効果が得られ，省燃費運転活動は，CO_2 削減に大きく寄与するとともに，燃料費削減や結果的に安全運転につながることから交通事故の減少，適性整備による機械の長寿命化など利点も多い（図-8）。

図-6　省燃費運転研修（日建連　温暖化対策部会資料）

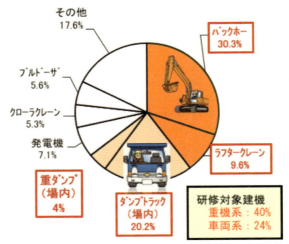

図-7 軽油の機種別使用割合（日建連　温暖化対策部会資料）

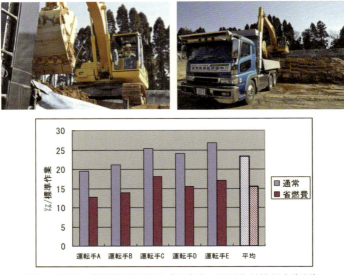

図-8 重機の省燃費運転効果（日建連　温暖化対策部会資料）

現場における省燃費運転の概要は下記の通りである。

1）目的作業に適した最小エンジン回転数の使用
　　・早めのシフトアップ，遅めのシフトダウン，惰力走行を多用する
　　・危険な運転操作である急加速・急発進・波状運転の防止
　　・走行及び積み込み運搬時のエンジン回転数を 10%下げる
　　・重機の油圧リーフの防止
　　・アイドリングストップ
　　・サイクルタイム短縮となる重機の配置（旋回角度，配置高さ，掘削手順等）

2）適正な点検整備の励行
　　・燃料，オイル及びエアーのエレメントの目詰まりを防止する。
　　　各種エレメントは，吸気口やオイルからエンジン内部に異物が混入する
　　　ことを未然に防ぐ。
　　・交換推奨時間を過ぎたエンジンオイルを適正に交換する
　　・機械の整備・修理計画を立て，日頃の点検整備を励行する

4-5．地球温暖化防止活動のためのツール作成

　日建連では，建設施工現場の CO_2 削減活動を推進するため，広報・啓発用の地球温暖化防止ツールを作成している。このツールは，ポスター，リーフレット，省燃費運転マニュアルなどがある（図-9）。

　特にリーフレットや省燃費運転マニュアルは，建設施工現場における新規入場者教育や省燃費運転研修会の際に従業員や協力会社社員に配布することが可能である。

　これらの資料は日建連ホームページ内の「環境活動のページ」から，ダウンロード及び購入が可能である。

　特に，「絵で見る省燃費運転マニュアル」は，省燃費運転を建設業の主要な CO_2 削減活動として定着させるため，2002 年に冊子及び DVD として発行されている（図-9）。

図-9　省燃費運転マニュアル（日建連　温暖化対策部会資料）

4-6. 日建連の新たな取り組み

日建連では，建設施工現場における新たなCO_2排出量削減活動項目として，バイオディーゼル燃料の使用拡大（図-10），再生可能エネルギー（太陽光発電，風力発電，地中熱，バイオマス，グリーン電力等）の導入，LEDをはじめとする高効率照明の普及・利用促進や低消費電力機器の導入などを推進している。

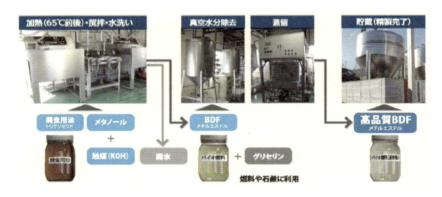

図-10　バイオディーゼル燃料の製造工程

5 温暖化低減策と再生可能エネルギー

5-1. 温暖化低減策

　既に述べたように，21世紀に，更に深刻となる地球温暖化に対する低減策として，以下の二つの観点が極めて重要である。

　一つ目は再生可能エネルギーの利用をはじめとして，エネルギー利用のクリーン化・低炭素化である。

　二つ目は省エネルギー・省資源等，できる限りエネルギーや資源を使わなくても，豊かと言える社会の実現である。

　温暖化低減対策に関しては，上記の二つの観点を含め，全体では以下のような対策が考えられる。

　これらの温暖化低減策に関しては，いずれの対策も土木建設事業と大きく関連しており，21世紀の低炭素社会実現に向けて，今後とも土木建設事業分野が大きく貢献しなければならない。

① クリーンエネルギーの活用
　・再生可能エネルギーの活用（太陽光，風力，水力，バイオマス，地熱等）
　・原子力エネルギーの活用
　・発電における燃料転換（天然ガス利用等），発電における効率向上（火力発電の高効率化等）
　・最終消費燃料の転換（電気自動車，水素自動車等）
② 省エネルギーの推進
　・最終消費電力の効率向上（都市インフラ，ビル，ハウスなどの省エネルギー化等）
　・最終消費燃料の効率向上（車，運輸機械，冷暖房など建築設備等）
③ CO_2 の地中固定（CCS）の推進
　・鉄鋼業等の産業部門
　・石炭火力発電所等の発電部門

5-2. 再生可能エネルギーの活用

上記で述べたような温暖化低減策のうち，長期的に持続可能であるという視点から，21世紀にもっとも期待されるエネルギーが，再生可能エネルギーである。

再生可能エネルギーの活用に関しては，企画・設計・建設・維持管理の各段階で，土木建設事業部門が大きく貢献できる。

上記のような理由から，以下には再生可能エネルギー活用の現状に関して実施例を中心に記述する。

5-3. 再生可能エネルギーの種類

再生可能エネルギーには多くの種類がある。

再生可能エネルギーの全体的な位置付けに関して，供給サイドと需要サイドの両面から俯瞰して，再生可能エネルギー協議会のまとめた資料によると，図-11に示す通りに整理されている。

5-4. 再生可能エネルギー固定価格買い取り制度

上記のように，持続可能なエネルギーである再生可能エネルギーの活用を，推進する目的で，2012年に，太陽光・風力・地熱・中小水力・バイオマスの5種類

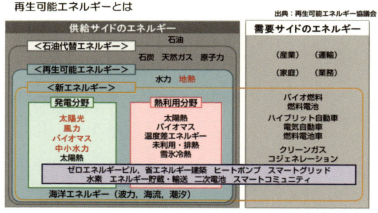

図-11　再生可能エネルギー（出典：再生可能エネルギー協議会）

1　低炭素社会に向けたわが国建設業の取り組み

の再生可能エネルギーで発電した電気を，電力会社が買い取る制度として，固定
価格買い取り制度（FIT）が開始された。

　平成26年度の，上記5種類の再生可能エネルギーに関する，規模や種類毎の買
い取り価格は，以下のように公表されている。

電源	調達区分	調達価格1kWh当たり	調達期間
太陽光	10kW以上	32 円（＋税）	20 年
	10kW未満（余剰買取）	37 円	10 年
	10kW未満（ダブル発電・余剰買取）	30 円	
風力	20kW以上	22 円（＋税）	20 年
	20kW未満	55 円（＋税）	
洋上風力（※1）	—	36 円（＋税）	
地熱	1.5万kW以上	26 円（＋税）	15 年
	1.5万kW未満	40 円（＋税）	
水力	1,000kW以上30,000kW未満	24 円（＋税）	20 年
	200kW以上1,000kW未満	29 円（＋税）	
	200kW未満	34 円（＋税）	
既設導水路活用中小水力（※2）	1,000kW以上30,000kW未満	14 円（＋税）	
	200kW以上1,000kW未満	21 円（＋税）	
	200kW未満	25 円（＋税）	

（※1）建設及び運転保守のいずれの場合にも船舶によるアクセスを必要とするもの。
（※2）既に設置している導水路を活用して、電気設備と水圧鉄管を更新するもの。

電源	バイオマスの種類	バイオマスの例	調達価格 1kWh当たり	調達期間
バイオマス	メタン発酵ガス（バイオマス由来）	下水汚泥・家畜糞尿・食品残さ由来のメタンガス	39 円（＋税）	20 年
	間伐材等由来の木質バイオマス	間伐材、主伐材（※3）	32 円（＋税）	
	一般木質バイオマス・農作物残さ	製材端材、輸入材（※3）、パーム椰子殻、もみ殻、稲わら	24 円（＋税）	
	建設資材廃棄物	建設資材廃棄物、その他木材	13 円（＋税）	
	一般廃棄物・その他のバイオマス	剪定枝・木くず、紙、食品残さ、廃食用油、汚泥、家畜糞尿、黒液	17 円（＋税）	

（※3）「発電利用に供する木質バイオマスの証明のためのガイドライン」に基づく証明のないものについては、建設資材廃棄物として取り扱う。

図-12　H26年度　固定価格買い取り制度（出典：資源エネルギー庁資料）

15

5-5．再生可能エネルギーの普及

上記の通り固定価格買い取り制度の対象になっている再生可能エネルギーは，太陽光・風力・バイオマス・地熱・中小水力の5種類である。従って，現時点で実現性のある再生可能エネルギーは，上記の5種類になる。

以下に，これら5種類の再生可能エネルギーに関して，活用の事例等を中心に記述する。

5-5-1．風力発電

風力発電に関しては，再生可能エネルギーの中では経済性に優れていること，どの国においても調達可能である等の理由により，世界的に順調な発展を続けている。

我が国においても，北海道・東北・九州地区等を中心に，多くの施設が建設されている。また，近年は陸上の適地が減少してきているため，風が比較的強く，騒音等の問題が少ない洋上風力が有効と考えられており，経済産業省や環境省を中心に実証発電施設が建設されており，本格的な洋上風力発電施設の実現に向けた事業が開始されている。

洋上風力発電施設には，比較的浅い海域に適する固定式基礎構造の着底式と，比較的深い海域に適する浮体式の構造がある。

以下に，陸上風力発電施設や洋上風力発電施設の実施事例を示す。

風力発電

事例-1　陸上風力発電・洋上風力発電（着底式）
（新エネルギー・産業技術総合開発機構等の資料）

1　低炭素社会に向けたわが国建設業の取り組み

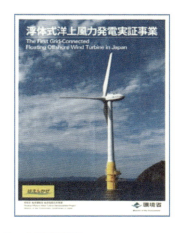

事例-2　浮体式洋上風力発電実証事業
　　　　　（環境省資料）

5-5-2. 太陽光発電

　太陽光発電に関しては，騒音等が少ないクリーンな電源であり，システム構成が単純で保守が容易であり，日照さえあれば小規模でも適地が得られ，一般的に利用価値が低い土地でも活用できる等の理由で，世界的にも，我が国でも，急速に普及が進んでいる。

　しかしながら，エネルギー密度が低く，気象条件や設置場所の日照条件により，発電量が左右されるなどの問題点も有しているため，今後いろいろな観点から更なる技術革新が進むことが大いに期待される。

　最近の事例では，発電量が 1,000 kW（1 MW）を超える大規模太陽光発電施設（メガソーラ発電）が急速に普及してきた。

　以下にメガソーラ発電の実施事例を示す。

事例-3　Tメガソーラ発電施設の事例

17

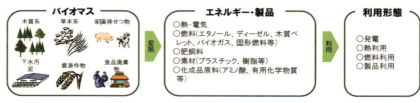

図-13　バイオマスの種類と利用形態

5-5-3. バイオマス発電

バイオマス（動植物由来有機物資源）は，地域に密着した身近な資源であり，間伐材，木質系建設廃棄物，下水汚泥，食品残渣，家畜排泄物等，いろいろな種類がある。

また，その利用形態も，発電，熱利用，燃料利用，製品利用等様々である。

バイオマスの種類や利用形態等を整理すると図-13 のようになる（農林水産省の資料より）。

特に，近年はバイオマスが，地域に密着したエネルギー資源であり，気候等に影響されない電力源になる点から，地域分散型エネルギー活用の中核的資源として評価されている。5-4 で示した上記の固定価格買い取り制度においても，バイオマスの種類ごとに調達価格が決められており，今後は全国各地域において積極的に活用されることが期待される。

最近の事例として，焼酎製造工場の副産物を有効利用して，電気や熱エネルギーとして大規模に活用している地産地消の資源循環事例，産業廃棄物として大量に発生する下水処理場の汚泥をメタン発酵し，そのメタンを電気や熱エネルギーとして有効利用している事例を示す。

事例-4　焼酎工場と下水処理場のエネルギー利用

5-5-4．中小水力発電

　水力発電は，水の位置エネルギーを利用して発電機で発電する方法であり，従来から，全国各地で大型水力発電所が建設されてきた。

　5-4 で示した固定価格買い取り制度によれば，中小水力の調達価格は，1,000〜30,000 kW，200〜1,000 kW，200 kW 未満の 3 区分に分けて，決められている。

　このような，未利用水資源は一般河川，渓流水，農業用水路，砂防ダム等全国各地で活用が可能であり，分散型エネルギーを増やしていくには，未利用水資源を中小水力発電により有効活用することが必要である。

　更に，上下水道，工業用水，工場排水などにおいても，中小水力発電としての開発が進められている。これらの発電施設は，都市圏に位置することから，利用面での有効性も評価されている。

5-5-5．地熱発電

　火山国である日本は，地熱エネルギーのポテンシャルが高く，世界でも，インドネシア，米国に次いで，世界第 3 位の開発予測地熱容量がある。

　地熱発電は，電力のみならず熱の供給も可能であり，天候や季節の影響を受けず，昼夜を問わずに安定した電力・熱供給が可能である等の特性があり，わが国では，今後多くの適地で普及することが期待されている。

　現在の普及状況は，東北地区，九州地区に多くの地熱発電施設が建設され稼働している。

　環境省が公表した「再生可能エネルギー導入ポテンシャル調査」によれば，地熱発電の導入ポテンシャルは，北海道地区が最も多く，東北・北陸・九州地区が続いて多くなっている。

　今後，地熱発電は地域に即した規模の，安定した分散型エネルギーとして，地産地消を目指した取り組みが拡大することが期待される。

6 低炭素都市・地域への取り組み

　都市や地域におけるエネルギーや資源の利活用に関しては、今後ますます多様な取り組みが求められている。
　特に都市や地域のインフラを構築する産業である建設業は、低炭素都市・地域つくりに関し、様々な分野に取り組んで実績を上げている。
　ここでは建設業の低炭素都市・地域つくりへの事例に関して記述する。

6-1．ゼロエネルギービル（ZEB）

　ゼロエネルギービル（ZEB）は、各種の建物の運用段階のエネルギー消費量を省エネや再生可能エネルギー利用などにより削減し、限りなくゼロにするという考え方である。
　2014年4月に決定した政府のエネルギー基本計画では、2020年までに新築公共建築物で、2030年新築建築物の平均でZEBを実現することが明記された。
　合わせて2020年に大手ハウスメーカーが新設する住宅の半分以上をゼロエネルギーハウス（ZEH）にする目標も記載された。
　ZEBを実現するためには、「エコ・デザイン」に加えて、「エコ・ワークスタイル」「エネルギーマネジメント」「再生可能エネルギーの活用」の4つの視点から取り組む必要がある（図-14）。
　「エコ・デザイン」とは、建築デザインや、照明・空調・衛生設備などのエン

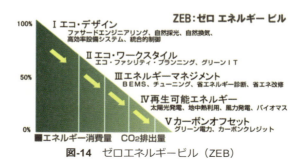

図-14　ゼロエネルギービル（ZEB）

ジニアリングにより，快適性を損なわずに冷暖房などのエネルギー負荷をできる限り，軽減しようというものである。

「エコ・ワークスタイル」は，建物を利用する人の活動の空間的・時間的な変化に応じて，室内環境を変化させたり，ワークスタイルを見直したりすることでスペースの最適化を図ろうというものである。

「エネルギーマネジメント」は，ビルエネルギー管理システム（BEMS）や，ビルオートメーション（BA）と，オフィスオートメーション（OA）の統合ネットワークなどを活用し，運用開始後のモニタリング，適正な運用と改善などを通じて，実効あるエネルギー管理を実施していくことである。

「再生可能エネルギーの活用」では，太陽光・風力・地中熱・バイオマス・小水力などの再生可能エネルギーやグリーン電力などの購入・活用等を最大限利用するなどの取り組みを推進する事である。

6-2．地域分散型エネルギー利用

スマートエネルギーネットワークは，都市や地域やビル等において，エネルギーの供給側と需要側の両方から，スマートメーターなどの高度な情報技術を活用して電力の制御を行い，最適運用を目指すシステムである。

スマートメーターは通信機能を備えた次世代電気メーターであり，これらの情報通信技術を用いて，電力事業者が電気使用量を把握し，最適な電力供給計画を作成することができる。

図-15 のスマートエネルギーネットワークは，東京都 K 地区で実施されている地域分散型の，エネルギーをつくり，利用する施設で，電力の供給側では，商用電力の受電施設に加え，都市ガスを燃料とするガスコージェネレーションによる電気と熱の供給事業を中心として，太陽光発電と蓄電池の組み合わせによる，再生可能エネルギーの最大限の活用が実施されている。

また，電力の需要側では，スマートエネルギーネットワークを活用して，各需要先での効率的なエネルギー利用が可能になっており，更に「電気使用やCO_2排出量の見える化」を図ることにより，エネルギー利用の供給側と，需要側すべての関係者が，省エネルギーやCO_2排出削減への取り組みを積極的に推進することへの，重要な役割を果たしている。

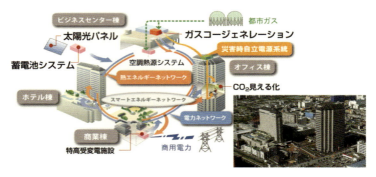

図-15　スマートエネルギーネットワーク

7　環境配慮設計の推進

3章で述べたように，建設関連産業は多くのCO_2排出に関わっている。

その各段階の中でも，構築物の運用段階でのCO_2排出量の影響が大きい。

そのためには，土木構造物でも建築構造物でも，設計段階での省CO_2排出を考慮した設計が，低炭素社会をつくるために極めて重要になる。

ここでは，日建連における環境配慮設計の推進について記述する。

7-1．日建連における環境配慮設計の推進

日建連の「環境自主行動計画」によれば，環境配慮設計は，屋内外の快適性・便益の向上や信頼性，生物環境などの環境価値と，建築物がライフサイクルを通じて周辺環境・地域環境・地球環境に及ぼす両面への態度を指している。

日建連では，これらの環境配慮設計を普及させるため，以下のような技術・手法の高度化に取り組んでいる。

7-1-1．サステナブル建築を実現するための設計指針

2011年3月に，日建連から発行された「サステナブル建築を実現するための設計指針」では，設計における環境とは何かの認識を，以下のような，地球の視点，

地域の視点，生活の視点の各スケールで共有している。

- 1. 地球の視点
- 2. 地域の視点
- 3. 生活の視点

図-16 環境対応の視点（日建連　建築本部資料）

この環境配慮設計指針では，以下のような設計配慮項目が例示されている。
1) 地球の視点での環境設計配慮項目
   - 省 CO_2，節電—化石エネルギー消費が最小となるような設計及び運用，省 CO_2 排出と節電・ピークカットの両立
   - 再生可能エネルギー—再生可能エネルギーの活用を推進する設計及び運用
   - 建物長寿命化—長持ちし長く使い続けられる建物の設計及び運用
   - エコマテリアル— CO_2 排出や環境負荷の少ないリサイクル材等の利用を推進
   - ライフサイクル—設計・施工・運用・改修・廃棄のプロセスを通じ，一貫したライフサイクル・マネジメントを可能にする。
   - グローバル基準—グローバルな性能評価基準への適宜対応
2) 地域の視点での環境設計配慮項目
   - 都市のヒートアイランド抑制—外構・屋上・壁面緑化・保水性，散水・打水他
   - 生物多様性への配慮—既存の動植物に対する生態系ネットワークへの配慮
   - 自然・歴史・文化への配慮—景観配慮，歴史・文化配慮，地域コミュニティ配慮
   - 地域や近隣への環境影響配慮—土壌汚染，大気汚染，水質汚染，交通量，日影，騒音，振動，臭気，廃棄物等配慮

・エネルギーネットワーク化—スマートグリッド等の地域に最適なエネルギーネットワーク化への配慮
・地域防災・地域 BCP—自然災害の防災及びライフラインの確保等，事業継続性計画（BCP）への配慮
3）生活の視点での環境設計配慮項目
・安全性—平常時安全性（防犯，事故防止，弱者安全他），非常時安全性（地震安全・BCP，火災安全，他）
・健康性—CO_2 濃度，化学汚染物質，感染症対策，清浄度，臭い等
・快適性—温熱環境，光環境，音環境，他
・利便性—ELV 待ち時間，モジュール，動線，オフィススタンダード，IT 環境他
・空間性—眺望，広さ，色彩，触感，コミュニティ，緑化，アメニティ他
・更新性—可変性，拡張性，冗長性，回遊性，収納性他

7-1-2. サステナブル建築事例集

　日建連では，環境配慮設計の推進の目的で，「サステナブル建築事例集」を作成し，年次ごとに拡充・更新している。

　この事例集には約 240 件の事例が掲載されており，写真や技術に関して図解を用いて分かりやすく作成されている。

　事例集には，以下のような技術事例が紹介されている。

　　1）省エネや快適性の確保に高度な技術を導入した事例
　　2）シミュレーション等を活用し，効果や性能を検証した事例
　　3）環境負荷低減に資する建築生産・工法の創出などの事例
　　4）耐震改修など，建物の長寿命化への取り組み事例

7-1-3. 環境配慮設計の推進状況調査

　日建連では，「CASBEE(建築環境総合性能評価システム)対応状況および省エネルギー計画書に関する調査」（日本建設業連合会，2014）に基づいて，CO_2 削減量および CO_2 削減率を調査し，その結果を公表している。

　この調査により，日建連会員企業が設計した建物が，省エネ法の基準の建物に

比べて，運用段階でどの程度 CO_2 排出量を削減できる設計になっているかを，継続的に分析することができる。

参考文献

日野隆，北川博一，本田一幸：建設工事における地球温暖化防止への取組み，環境システム研究論文発表講演集，41, 141-147, 2013.

環境省：浮体式洋上風力発電実証事業.

鹿島建設：再生可能エネルギー　技術資料.

鹿島建設：ゼロ・エネルギー・ビル（ZEB）技術資料.

鹿島建設：バイオガス　技術資料.

日本建設業連合会：「CASBEE 対応状況および省エネルギー計画書に関する調査報告書」，2014.

日本建設業連合会：「建設業の環境自主行動計画　第 5 版」，2013.

日本建設業連合会：サステナブル建築事例集．http://www.nikkenren.com/kenchiku/sustainable_search.html

日本建設業連合会：「サステナブル建築を実現するための設計指針」，2011.

農林水産省：地域のバイオマスを活用した産業化に向けて.

資源エネルギー庁：「再生可能エネルギー固定価格買取制度ガイドブック」平成 26 年度版.

柳雅之：バイオディーゼル燃料の現場活用による CO_2 排出量削減と資源循環社会への貢献，土木施工，56(1), 126-129, 2015.

2 章

エネルギー政策と
それを支える土木技術

1 我が国のエネルギー技術開発に関するこれまでの取組

1-1．我が国を取り巻くエネルギー事情の変化と技術関連計画の変遷の概要

1-1-1．海外の資源に大きく依存することによるエネルギー供給体制の根本的な脆弱性

　我が国は，1973 年の第一次石油危機後も様々な省エネルギーの努力などを通じてエネルギー消費の抑制を図り，2012 年の最終エネルギー消費は 1970 年の 1.3 倍の増加に留めたが，ほとんどのエネルギー源を海外からの輸入に頼っているため，自律的に資源を安定的に確保することが難しいという根本的な脆弱性を有している。

　これを緩和すべく，エネルギー消費の抑制と併せ中核的エネルギー源である石油からの脱却を進めてリスクを分散するとともに，国産エネルギーを確保する努力を重ねてきた。その結果，2010 年の原子力を含むエネルギー自給率は 19.9%にまで改善されたが，なお，根本的な脆弱性を抱えた構造は解消されていない。

　このことに加え，東北地方太平洋沖地震と生起した巨大津波は，東京電力福島第一原子力発電所の深刻な事故を引き起こし，我が国のすべての原子力発電所が停止する事態を招来した。その結果，2012 年時点におけるエネルギー自給率は，6.0%まで落ち込み，国際的に見ても自給率の非常に低い脆弱なエネルギー供給構造を呈している。また，原子力を代替するために石油，天然ガスの輸入が拡大することともなり，電源として化石燃料に依存する割合は震災前の 6 割から 9 割に急増した。日本の貿易収支は，化石燃料の輸入増加の影響等から，2011 年に 31年ぶりに赤字に転落した後，2012 年は赤字幅を拡大し，さらに 2013 年には過去最大となる約 11.5 兆円の貿易赤字を記録した。貿易収支の悪化によって，経常収支も大きな影響を受けており，化石燃料の輸入額の増大はエネルギー分野に留まらず，マクロ経済上の問題となっている。

　現在，原子力発電停止分の発電電力量を火力発電の焚き増しにより代替しているものとして推計すると，2013 年度に海外に流出した輸入燃料費は，東日本大震災前並（2008 年度～2010 年度の平均）にベースロード電源として原子力を利用し

た場合と比べ，約3.6兆円増加すると試算される。2015年秋以降，順次停止ユニットの再稼働が進むほか，火力発電用燃料の価格が低水準で推移しているなど，この状況は改善されるものと考えられるが，海外からの化石燃料への依存度の増大は，資源供給国の偏りというもう一つの問題も深刻化させている。

現在，原油の83%，LNGの30%を中東地域に依存しており（2013年），中東地域が不安定化すると，日本のエネルギー供給構造は直接かつ甚大な影響を受ける可能性がある。石油については，第一次石油危機後から整備してきた備蓄制度によって，需要の190日分（2014年1月末時点）の備蓄量が確保されており，供給途絶に至る事態が発生した場合でも，輸入が再開されるまでの国内供給を支えることが一定程度可能である。他方，天然ガスについては，供給源が多角化しているものの，発電用燃料として急速に利用が拡大しているため，主要な供給地において供給途絶に至るような事態が発生した場合には，電力供給体制に深刻な影響を及ぼす可能性があり，そうした事態に陥らないよう，北米からのLNG供給を含む供給源の更なる多角化を迅速に進める必要に迫られている。

1-1-2．人口減少，技術革新等による中長期的なエネルギー需要構造の変化

我が国の人口は減少基調にあり，2050年には9,700万人になると予想されている（社会保障・人口問題研究所）。こうした人口要因は，エネルギー需要を低減させる方向に働くことになる。また，自動車の燃費や，家電の省エネルギー水準が向上しているほか，製造業のエネルギー原単位も減少傾向にあるなど，産業界の努力により着実に省エネルギー化が進んでいる。さらに，電気や水素などを動力源とする次世代自動車や，ガス等を効率的に利用するコージェネレーションの導入などによるエネルギー源の用途拡大なども需要構造に大きな変化をもたらしている。

1-1-3．新興国のエネルギー需要拡大等による資源価格の不安定化

エネルギー需要の中心は，先進国から新興国にシフトしており，世界のエネルギー需要は2030年には2010年の1.3倍に増加すると見込まれているが，需要増加の9割は非OECD諸国のエネルギー需要によるものである。エネルギー需要が拡大する中国やインド等の新興国は，国営企業による資源開発・調達を積極化させ

ており，新興国の企業群も交えて激しい資源の争奪戦が世界各地で繰り広げられるようになっている。こうした資源獲得競争の激化や地域における紛争，さらには経済状況の変化による需要動向の変動が，長期的な資源価格の上昇傾向と，これまで以上に資源価格の乱高下を発生させやすい状況を生み出している。中国の海外からの原油調達が急増し始めた2004年以降，30ドル/バレル前後であった原油価格（日経ドバイ）は2008年夏には瞬間的に140ドル/バレルを超えるまでに急騰した。その直後に発生したリーマン・ブラザーズの破綻をきっかけに深刻化した金融危機により，欧米を中心に需要見通しが大きく落ち込んだ結果，原油価格は40ドル/バレルを割り込んだ。その後，反発的に高値基調で推移してきたものが，シェールガス・オイルの増産の影響等を受け，再び，低価格で取引されているものの，中東地域における政治・社会情勢や欧米，中国の経済状況等によって，原油価格に大きな変動が生じる状況は今後とも続いていくものと考えられる。

1-1-4．世界の温室効果ガス排出量の増大

　新興国の旺盛なエネルギー需要は，温室効果ガスの排出状況の様相も一変させた。世界のCO_2排出量は，約210億トン（1990年）から約305億トン（2010年）に増加したが，特に，新興国における増加が顕著であり，今では，世界全体の排出量に占める先進国の排出量の割合は，1990年には約7割であったものが，2010年には約4割に低下し，先進国と途上国による排出量の割合が逆転した。

　国際エネルギー機関（IEA）によれば，世界全体のエネルギー起源CO_2の排出量は，2035年までに，さらに20％増加するものと予測されている。気候変動に関する政府間パネル（IPCC）第5次評価報告書では，気候システムの温暖化について疑う余地がないこと，また，気候変動を抑えるためには温室効果ガスの抜本的かつ継続的な削減が必要であることが示されている。

　地球温暖化問題の本質的な解決のためには，国内の排出削減はもとより，世界全体の温室効果ガス排出量の大幅削減を行うことが急務である。

1-2. これまでのエネルギー技術関連計画等の整理及び分析

1-2-1. エネルギーの需給に関する施策についての基本的な方針

1) エネルギー政策の基本的視点

エネルギーは人間のあらゆる活動を支える基盤であり，安定的で社会の負担が少ないエネルギー需給構造の実現は，我が国が更なる発展を遂げていくための前提条件である。しかしながら，前述のとおり，我が国のエネルギー需給構造は深刻な脆弱性を抱えており，特に，東京電力福島第一原子力発電所事故後に直面している課題を克服していくためには，エネルギー需給構造の改革を大胆に進めていくことが不可避である。

エネルギー政策の推進に当たっては，生産・調達から流通，消費までのエネルギーのサプライチェーン全体を俯瞰し，基本的な視点を明確にして中長期に取り組んでいくことが重要である。

エネルギー政策の要諦は，安全性（Safety）を前提とした上で，エネルギーの安定供給（Energy Security）を第一とし，経済性効率の向上（Economic Efficiency）による低コストでのエネルギー供給を実現し，同時に環境への適合（Environment）を図るため，最大限の取組を行うことである。

2) 国際的な視点

現在直面しているエネルギーをめぐる環境変化の影響は，国内のみならず，新たな世界的潮流として多くの国に及んできているが，エネルギー分野においては，直面する課題に対して，一国のみによる対応では十分な解決策が得られない場合が増えてきている。例えば，資源調達においては，各国，各企業がライバルとして競争を繰り広げる一方，資源供給国に対して消費国が連携することにより取引条件を改善していくなど，競争と協調を組み合わせた関係の中で，資源取引を一層合理的なものとすることができる。また，原子力の平和・安全利用や地球温暖化対策，安定的なエネルギー供給体制の確保などについては，関係する国々の協力なしでは，本来の目的を達成することができず，国際的な視点に基づいて取り組んでいかなければならないものとなっている。

3）経済成長の視点

エネルギーの供給安定性とコストは，事業活動に加えて企業立地などの事業戦略にも大きな影響を与えるものである。基本的視点で示したとおり，経済効率性の向上による低コストでのエネルギー供給を図りつつ，エネルギーの安定供給と環境負荷の低減を実現していくことは，既存の事業拠点を国内に留め，我が国が更なる経済成長を実現していく上での前提条件となる。「日本再興戦略（2013年6月閣議決定）」の中でも，企業が活動しやすい国とするために，日本の立地競争力を強化すべく，エネルギー分野における改革を進め，電力・エネルギー制約の克服とコスト低減が同時に実現されるエネルギー需給構造の構築を推進していくことが強く求められている。

また，エネルギー需給構造の改革は，エネルギー分野に新たな事業者の参入を様々な形で促すこととなり，この結果，より総合的で効率的なエネルギー供給を行う事業者の出現や，エネルギー以外の市場と融合した新市場を創出する可能性がある。さらに，こうした改革は，我が国のエネルギー産業が競争力を強化し，国際市場で存在感を高めていく契機となり，エネルギー関連企業が付加価値の高いエネルギー関連機器やサービスを輸出することによって，貿易収支の改善に寄与していくことも期待されている。

1-2-2. エネルギー政策の原則と改革の視点

"多層化・多様化した柔軟なエネルギー需給構造"の構築と政策の方向性

国内資源の限られた我が国が，社会的・経済的な活動が安定的に営まれる環境を実現していくためには，エネルギーの需要と供給が安定的にバランスした状態を継続的に確保していくことができるエネルギー需給構造を確立しなければならない。その観点から経済産業省が掲げている政策は次のとおりである。

① 各エネルギー源が多層的に供給体制を形成する供給構造の実現
② エネルギー供給構造の強靱化の推進
③ 構造改革の推進によるエネルギー供給構造への多様な主体の参加
④ 需要サイドが主導するエネルギー需給構造の実現
⑤ 国産エネルギー等の開発・導入の促進による自給率の改善
⑥ 地球温暖化対策への貢献

1) 新たな二次エネルギー構造の変革

現在の二次エネルギー構造は，電気，熱及びガソリン等石油製品が担い，特に多くのエネルギー源から転換することができる利便性の高い電気がネットワークを通して最終消費者に供給されることで中心的な役割を担っている。

一方，電気の供給は送配電網に依存していることから，ネットワークから隔絶されているものや，その接続が途切れた場合には供給ができなくなるという課題も抱えている。こうした課題に対応するためには，エネルギーを如何に貯蔵して輸送するのかなど，二次エネルギーの供給方法の多様化等を含めて検討していくことが重要である。

このような観点から，蓄電池や水素などの技術の活用は，二次エネルギー構造の変革を促す可能性を持つものであり，将来の社会を支える二次エネルギー構造の在り方を視野に入れて，着実に取組を進めていく必要があるものとされている。

●コージェネレーションの推進

熱と電力を一体として活用することで高効率なエネルギー利用を実現するコージェネレーションは，ハイブリッド型の二次エネルギーであり，省エネルギー性に加え，再生可能エネルギーとの親和性，電力需給ピークの緩和，電源構成の多様化・分散化，災害に対する強靱性も有する。このため，家庭用を含めたコージェネレーションの導入促進を図るための導入支援策を推進するとともに，燃料電池を含むコージェネレーションによる電気の取引に係る円滑化等の具体化に向けて検討するものとされている。

●蓄電池の導入促進

蓄電池は，利便性の高い電気を貯蔵することで，エネルギー需給構造の安定性を強化することに貢献するとともに，再生可能エネルギーの円滑な導入に資する技術である。日本再興戦略においても，その潜在的市場の大きさが着目されており，その国際市場は2020年には20兆円規模に拡大していくものと予想されている。

近年，安全性の向上や充放電効率のアップも図られ，車載用のみならず，住宅・ビル・事業用等の定置用への用途も広がりつつあるが，引き続き，技術開発，国際標準化等により低コスト化・高性能化を図っていくことで，2020年までに世界

の蓄電池市場規模（20兆円）の5割を国内関連企業が獲得することを目標に，蓄電池の導入を促進していくこととされている。

2) 多様なエネルギー源を選択できる環境整備の促進

　多様なエネルギー源の利用を進めていく取組は，運輸部門においては，自動車に限らず，航空機におけるバイオ燃料の活用などで進んでいくと見込まれる。業務・家庭部門では，エネファームにおいて水素が利用され，CO_2冷媒ヒートポンプにおいて空気熱が利用されるなどの導入が進んでいるところであり，電力システム改革によって，電源自体も選択できるサービスの提供が進展するなど，今後，一層の多様化が進んでいくものと考えられる。

　今後，さらに多くの分野で多様なエネルギー源を利用する取組を加速していくため，エネルギー関連技術に関する最新の研究開発動向，世界の取組状況，新たな利用形態を普及していく上での制度面などの障害を整理して，研究開発などの戦略的な取組を進めていくこととされている。

3) "水素社会"の実現に向けた取組の加速

　無尽蔵に存在する水や多様な一次エネルギー源から様々な方法で製造することができるエネルギー源で，気体，液体，固体（合金に吸蔵）というあらゆる形態で貯蔵・輸送が可能であり，利用方法次第では高いエネルギー効率，低い環境負荷，非常時対応等の効果が期待される水素は，将来の二次エネルギーの中心的役割を担うことが期待されている。

　水素を本格的に利活用する社会，すなわち"水素社会"を実現していくためには，その製造から貯蔵・輸送，そして利用にいたるサプライチェーン全体を俯瞰した戦略の下，様々な技術的可能性の中から，安全性，利便性，経済性及び環境性能の高い技術が選び抜かれていくような厚みのある多様な技術開発や低コスト化を推進することが重要である。水素の本格的な利活用に向けては，現在の電力供給体制や石油製品供給体制に相当する大規模な体制整備が必要である。

●定置用燃料電池の普及・拡大

　現在，最も社会的に受容が進んでいる水素関係技術は「エネファーム」である。

特に，我が国では，燃料電池の技術的優位性を背景に，定置用燃料電池が世界に先駆けて一般家庭に導入され，既に6万台以上が住宅等に設置されており，海外市場の開拓も視野に入れ，国内外の市場開拓を進めるべき時期にある。

また，普及が進んでいない業務・産業分野についても，早期の実用化・普及拡大に向けて，産業活動で求められる水準の耐久性や低コスト化を実現するための技術開発や実証などを推進して市場の創出を図ることとされている。

●燃料電池自動車の導入加速に向けた環境の整備

2015年から商業販売が始まった燃料電池自動車の導入を推進するため，規制見直しや導入支援等の整備によって，四大都市圏を中心に2015年内に100ケ所程度の水素ステーションが整備されたが，さらに，部素材の低コスト化に向けた技術開発が重要であり，特に，燃料電池自動車の普及初期においては，比較的安定した水素需要が見込まれる燃料電池バスや燃料電池フォークリフト等の早期の実用化に係る技術開発などを着実に進めることとされている。

●水素発電等の新たな技術の実現

水素の利用技術の実用化については，定置用燃料電池や燃料電池自動車にとどまらず，水素発電にまで拡大していくことが期待される。燃料の一部を水素で代替する混焼発電については既存のガスタービンでも一定程度であれば技術的に活用できる状況にあり，さらに，燃料を水素だけで賄う専焼発電を将来実用化するための技術開発が進められている。

●水素の安定的な供給に向けた製造，貯蔵・輸送技術の開発の推進

水素の供給については，当面，副生水素の活用，天然ガスやナフサ等の化石燃料の改質等によって対応されることになるが，水素の本格的な利活用のためには，水素をより安価で大量に調達することが必要になる。

そのため，海外の未利用の褐炭や原油随伴ガスを水素化し，国内に輸送することや，さらに，将来的には国内外の水力，太陽光，風力，バイオマス等の再生可能エネルギーを活用して水素を製造することなども重要となる。具体的には，水素輸送船や有機ハイドライド，アンモニア等の化学物質や液化水素への変換を含

む先端技術等による水素の大量貯蔵・長距離輸送など，水素の製造から貯蔵・輸送に関わる技術開発等を今から着実に進め，また，太陽光により水から水素を製造する光触媒技術・人工光合成などの中長期的な技術開発についても，エネルギー供給源としての位置付けや経済合理性等を総合的に評価しつつ，必要な取組を行うものとされている。

● "水素社会"の実現に向けたロードマップの策定

水素社会の実現は，水素利用製品や関連技術・設備を供給する事業者のみならず，インフラ関係，石油や都市ガス，LPガスの事業者，さらには，国や自治体も能動的に関与していくことで初めて可能となる大事業である。このためには，先端技術を駆使した水素の大量貯蔵・長距離輸送，燃料電池や水素発電など，水素の製造から貯蔵・輸送，利用に関わる様々な要素を包含し全体を俯瞰したロードマップの存在が不可欠であり，それを実行していくためには，関係する様々な主体が，既往の利害関係を超えて参画することが重要である。

4) エネルギー関係技術開発のロードマップの策定

我が国が抱えるエネルギー需給構造上の脆弱性に対して，幾多の困難な課題を根本的に解決するためには，革命的なエネルギー関係技術の開発とそのような技術を社会全体で導入していくことが不可欠となるが，そのためには，長期的な研究開発の取組と制度の変革を伴うような包括的な取組が必要である。

一方，エネルギー需給に影響を及ぼす課題は様々なレベルで存在しており，短期・中期それぞれの観点から，エネルギー需給を安定させ，安全性や効率性を改善していくことが，極めて重要である。

● 取り組むべき技術課題

国産エネルギー源である再生可能エネルギーについては，太陽光発電，風力発電，地熱発電，バイオマスエネルギー，波力・潮力等の海洋エネルギー，その他の再生可能エネルギー熱利用の低コスト化・高効率化や多様な用途の開拓に資する研究開発等を重点的に推進するとともに，再生可能エネルギー発電の既存系統への接続量増加のための系統運用技術や送配電機器の高度化が重要である。

同様に，準国産エネルギーに位置付けられる原子力については，万が一の事故に関わるリスクを下げていくため，過酷事故対策を含めた軽水炉の安全性向上に資する技術や信頼性・効率性を高める技術等の開発を進め，放射性廃棄物の減容化・有害度低減や，安定した放射性廃棄物の最終処分に必要となる技術開発等を進めることとされている。

これらに加えて，我が国の排他的経済水域に豊富に眠るメタンハイドレートや金属鉱物を商業ベースで開発が進められるようにするための技術開発を中長期的な観点から着実に進めるとともに，こうした国産エネルギー源を有効に利活用できる二次エネルギーとしての水素エネルギーの実装化は中長期的に重要な課題である。また，水素製造を含めた多様な産業利用が見込まれ，固有の安全性を有する高温ガス炉など，安全性の高度化に貢献する原子力技術の研究開発を国際協力の下で実行するものとし，ITER 計画や核融合を長期的視野にたって着実に推進するとともに，無線送受電技術により宇宙空間から地上に電力を供給する宇宙太陽光発電システム（SSPS）の宇宙での実証に向けた基盤技術の開発などの将来の革新的なエネルギーに関する中長期的な技術開発については，これらのエネルギー供給源としての位置付けや経済合理性等を総合的かつ不断に評価しつつ，技術開発を含めて必要な取組を行うこととされている。

また，出力変動の著しい電源が今後増加することに対応して，高度なシミュレーションに基づく系統運用技術や超電導技術などの基盤技術の開発を加速するとともに，蓄電池や水素などのエネルギーの貯蔵能力強化などを進め，さらに，エネルギーのサプライチェーンにおけるすべての段階でエネルギー利用の効率化を進め，徹底的に効率化されたエネルギー・サプライチェーンを実現するため，石炭や LNG の高効率火力発電実現のための技術開発や，利用局面において効率的にエネルギーを利活用するための製品について，材料・デバイスまで遡って高効率化を支える技術の開発，エネルギー利用に関するプロセスを効率化するためのエネルギーマネジメントシステムの高度化や，製造プロセスの革新を支える技術開発に取り組むこととされている。

こうした徹底した効率化や水素エネルギーの活用のための取組を進める一方，地球温暖化などに関する課題について，例えば化石燃料を徹底的に効率的に利用した上で最終的に発生する CO_2 に対しては CCS（Carbon dioxide Capture and

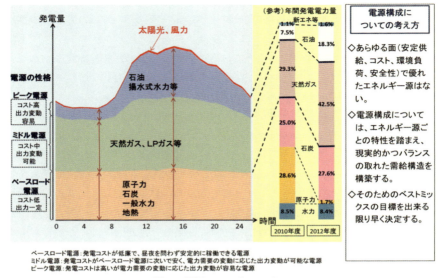

図-1 電源のベストミックス

Storage；CO_2回収・貯留）などに関する技術開発も重要である。

　図-1に「電源のベストミックス」を示すが，水力についてみると，ベースロード電源として「一般水力（流れ込み式）」が，また優れた調整力を有する「揚水式」や「貯水池・調整池式」についてはピーク電源として相当量が割り振られており，今後とも水力を開発すべきことが織り込まれている。巷間，水力開発の適地は枯渇したとする論調も目立つが，「小規模化」，「奥地化」が甚だしいものの依然として，600億KWhを上回る開発地点があるものと推定され，従前，発電利用のなかったダム等もおおいに活用すべく検討・調整が進められている。

1-3．これまでの技術開発戦略の成果及び教訓と現在の日本の技術的蓄積
1）我が国を取り巻くエネルギー事情の変化と技術関連計画の変遷の概要

　古来，人力，畜力ないしは風力などと併せ水力も利用されてきたが，広く産業用として近代的な発電所が建設されたのは，明治期に入ってからである。1891年電気事業用として琵琶湖疏水を利用した蹴上発電所が運転を開始して以来，水力

は電力供給の主力としてその開発が強力に推し進められ，わが国の近代化に多大な貢献をしてきた。戦後，経済の立て直しを進めるため，エネルギー・産業に関して，国内における石炭の増産と鉄鋼製造能力の回復を目指した傾斜生産方式が経済政策の柱として取り組まれるとともに，安定的なエネルギー供給の実現を目指し，大規模な水力発電の開発が各地で進められた。

こうした取組により，1955年における総発電電力量に占める水力の割合は78%，一方の石炭火力は20%で，昭和30年代の中頃までは所謂「水主火従」の電源構成であり，火力発電所は渇水時の補給が主な役割であった。その後，我が国は高度経済成長期を迎え，電力需要が急激に増加することになったが，これを支えたのが，中東地域等で大量に生産された安価な石油である。1955年の石油火力の総発電電力量に占める割合はわずか1%であったが，1965年には31%となり，国産石炭が価格競争力を失っていく中で，石炭火力の26%を超え，水力の42%に迫る水準となった。1970年には，水力は総発電の4分の1まで依存度を下げる一方，石油火力は58%を占めるに至り，第1次石油危機のあった1973年には，石油火力への依存度は70%に達していた。このように安価な石油に依存したエネルギー需給構造は，第四次中東戦争を契機に発生した石油の安定供給に対する不安によって，大きな困難に直面することになった。海外からの化石燃料，特に，中東地域からの石油に大きく依存するという我が国の根本的な脆弱性が，にわかに現実の問題となる中，中長期的に我が国のエネルギー需給構造の改革を推進するためには，これまでの技術の延長線上ではない革新的な技術の導入が必要であることが認識されるに至り，我が国最初の長期的・総合的な技術開発計画として1974年に策定されたのが，「サンシャイン計画」である。このプロジェクトでは，太陽，地熱，石炭，水素エネルギー技術を重点技術課題として位置付けている。さらに1978年には，省エネルギー技術の研究開発計画である「ムーンライト計画」が策定され，石油に代替するエネルギー技術と省エネルギー技術を両輪として，海外からの石油に大きく依存する我が国のエネルギー需給構造の脆弱性を改善するための技術開発を推進する体制が整えられた。

その後，石油備蓄体制の整備などによる供給構造安定化のための各種政策や，官民の省エネルギーの取組とともに，中長期的な方針に基づいた技術開発政策が着実に進められ，エネルギー利用の高効率化や石油代替としてのLNGや原子力の役割

の拡大といったエネルギー需給構造の改革が成果を上げていったが，1990年代には，再び石油の安定供給を揺るがす湾岸戦争が勃発し（1990年），また，エネルギー多消費による地球環境問題に対する危機意識の拡大を背景とした地球サミットの開催（1992年）など，エネルギーを巡る新たな課題が認識されることとなった。

こうした時代の変化を背景に，通商産業省（現 経済産業省）は，サンシャイン計画，ムーンライト計画，さらに地球環境技術研究開発の体制を一体化した「ニューサンシャイン計画」を発足させ，持続的成長とエネルギー・環境問題を同時に解決するための革新的な技術の開発を加速する体制が整えられた。特に，革新的技術開発課題として，広域エネルギー利用ネットワークシステム技術，水素利用国際クリーンエネルギーシステム技術，希薄燃焼脱硝触媒技術などに着手し，国際的に利用が拡大すると見込まれる石炭のクリーンな利用に関する取組などが進められた。その後，1997年に採択され，2005年に発効した京都議定書など，地球温暖化問題へのエネルギー利用の観点からの対応が更に強く求められるようになる中，イノベーションによってエネルギーに関連する環境制約を乗り越えるための技術開発戦略が累次にわたって取りまとめられている。さらに，これをイノベーション創出の機会として捉えた「新産業創造戦略」（2004年）を踏まえ，「技術戦略マップ」が2005年から2010年まで毎年とりまとめられるとともに，2050年までに温室効果ガス排出量を現状（2000年代中頃）よりも半減するという野心的な目標を実現するための革新的な技術の開発を促進する計画として「Cool Earth‐エネルギー革新技術計画」が策定されるなど，革新的技術の開発を加速する戦略が提示された。

2000年代中頃からは，新興国の経済成長の加速に伴う化石燃料の需要拡大の結果，これまでの，いわゆる石油メジャーによる資源開発が，中・印など新興国の石油企業を巻き込んだ，より世界的な広がりを持つ資源獲得競争の段階に入ったことを踏まえ，技術開発戦略においても資源確保が以前よりも更に厳しい競争の下で行われるという問題意識を反映するようになった。第4期科学技術基本計画ではこのような認識が明確に示されている。

こうした国際的な環境の変化に積極的に対応していこうという強い姿勢は，地球温暖化対策において更に顕著となり，"攻めの地球温暖化外交戦略"を下支えする2013年の環境エネルギー技術革新計画に，その姿勢が明確に示されている。

2　エネルギー政策とそれを支える土木技術

2）これまでのエネルギー技術関連計画等の整理及び分析

サンシャイン計画（1974年策定）

・策定・実施主体　通商産業省工業技術院

・策定目的とその背景

　　1973年に発生した第一次石油危機を契機として，顕在化した石油依存に関するエネルギー問題の解決を指向し，同時にエネルギー多消費社会の中で深刻化した環境問題の解決をも図るための技術開発等を促進する。

・概要

　　我が国最初の長期的・総合的な技術開発計画とされている。

　　基本方針は，「エネルギーの長期的な安定供給の確保が国民経済活動にとって極めて重要であることにかんがみ，国民経済上その実用化が緊急な新エネルギー技術について，1974年から2000年までの長期にわたり，総合的かつ効率的に研究開発を推進することにより，数十年後のエネルギーを供給することを目標とする」と定められ，さらにこの理念を達成するために，太陽，地熱，石炭，水素エネルギー技術の4つの重点技術の研究開発が各々の実施計画の下に進められた。

　　サンシャイン計画の発足からほぼ4年が経過した1978年末から1979年にかけて，イラン革命を契機として国際石油需給はひっ迫し，これに伴い，石油価格は再び急騰した。こうした状況の中で，サンシャイン計画に対する期待も一段と高まりを見せた。加えて，同計画の主要なプロジェクトは本格的なプラント開発段階を迎えつつあったことから，この状況を踏まえ，同計画の新たな方向付けが求められることとなった。

　　具体的には，

　　（1）石炭液化技術開発

　　（2）大規模深部地熱開発のための探査・採掘技術開発

　　（3）太陽光発電技術開発

が重点プロジェクトとして選択され，研究開発の加速的推進が図られた。

サンシャイン計画の主な成果

プロジェクト名	成果
1. 全国地熱資源総合調査	（1）1980年度から1983年度までの全国規模での地熱資源調査により，世界でも稀にみる全国地熱資源有望地域抽出図を完成。 （2）1984年から実施した詳細調査により，上記（1）の有望地域のタイプ別ポテンシャルを判定するとともに，有望地区絞り込みの最適探査手法を開発。 （3）上記（1）及び（2）の結果を基に，有望地区の的確な抽出を行うための，高度な情報処理技術を応用した資源評価システムを中心とした総合解析手法の開発を終了。
2. 深層熱水供給システム	1985年度までの採取還元試験により，温度約70℃，60t/hの熱水採取に成功し，堆積層での熱水の還元条件を解明。実用化への技術的見通しを得た。
3. 褐炭液化	1981年度から，豪州ビクトリア州において50t/日パイロットプラントの研究を実施。1,700時間に及ぶ実質連続運転に成功するとともに液化抽収率50%を達成。本プラントは世界最大の褐炭液化プラントであり，豊富に賦存し，未利用に近い褐炭の高度利用，日豪の国際協力にも大きく貢献。1993年度終了。
4. 石炭利用水素製造	1986年度から，石炭利用水素製造20t/日パイロットプラントの研究を実施。1,149時間連続運転，カーボン転換率98%，冷ガス効率78%以上を達成。本プロセスは燃料，石炭液化用等広範囲の用途に利用できる水素を低廉，大量に供給し得る，当時の世界最高レベルの高効率プロセスである。1995年度終了。
5. 石炭ガス化 複合サイクル発電	（1）（流動床式）1985年度までの40t/日パイロットプラントの運転研究で冷ガス効率76%，炭素転換効率98%を達成。更に現在，実ガスによる世界最大規模の乾式脱硫・脱塵試験を実施。 （2）（噴流床式法）を1986年度から200t/日パイロットプラントの設計・製作を実施。現在，運転研究中の本プロセスは広範囲の炭種適応性を有する高効率（送電端効率43%以上）の石炭火力発電プロセス。
6. 高カロリーガス化	1985年度までのガス生成量7,000Nm³/日（石炭処理量12t/日に相当）パイロットプラントの運転研究において，冷ガス効率72%，連続運転500時間を達成し，日本初の石炭ガス化装置として，実用化への技術的見通しを得た。
7. 水素製造技術	アルカリ水電解法による20Nm³/h，エネルギー効率83〜86%のパイロットプラントの開発（〜1983年度）。
8. 水素利用技術	水素吸蔵合金を用い，筒内噴射エンジンシステムを搭載した水素自動車の試作を行い，最高速度108km/h，走行距離280kmを達成（〜1985年度）。
9. 高性能分離膜 複合メタンガス製造	1986年度から基礎研究に着手。バイオリアクターに分離膜を組み合わせた嫌気性発酵について，実証試験の成果をもとに，1989年度からパイロットプラントを建設し，運転・評価を行った。

［出典］資源エネルギー庁（編）：新エネルギー便覧平成10年度版、通商産業調査会（1999年3月），p226

ムーンライト計画（1978年策定）

・策定・実施主体　通商産業省工業技術院
・策定目的とその背景

　1973年に発生した第一次石油危機によって，石油などの資源の有限性に対する危機感が高まったことを踏まえ，石油に依存しないエネルギー構造の確立を目的とし，新たなエネルギーの確保ではなく，省エネルギーによる資源の有効活用を目指す。

・概要

　第一次石油危機後の 1978 年度から通商産業省工業技術院が始めた省エネルギー技術研究開発計画である。

　本計画では，エネルギー転換効率の向上，未利用エネルギーの回収，エネルギー供給システムの安定化によるエネルギー利用効率の向上とエネルギーの有効利用を図る技術の研究開発を行うこととし，（1）大型省エネルギー技術をはじめとして，（2）先導的，基盤的な省エネルギー技術開発，（3）民間の省エネルギー技術研究開発の助成，（4）国際研究協力事業，（5）省エネルギー技術の総合的効果把握手法の確立調査，及び（6）省エネルギーの標準化を強力に推進することとした。1994 年度には，「スーパーヒートポンプ・エネルギー集積システム」等の 6 テーマを終了し，「燃料技術」等の 10 テーマについては「ニューサンシャイン計画」に研究を引き継いでいる。地球環境技術研究開発では，（1）人工光合成等による CO_2 の固定に関する研究，（2）CO_2 の分離技術の研究，（3）生分解性化学物質の研究が「ニューサンシャイン計画」に組み入れられた。

ニューサンシャイン計画（1993年策定）

・策定・実施主体　通商産業省工業技術院
・策定目的とその背景

　1990 年の湾岸戦争による第 3 次石油ショック，地球環境保全に関する関係閣僚会議や 1992 年の地球サミットによって，世界的に省エネルギーの推進や次世代を担う革新的エネルギーの開発への機運が高まり，より総合的な技術開発の推進が求められるようになっていた。

ムーンライト計画の主な成果

プロジェクト名	成果
1. 廃熱利用技術システム （1981年度に終了）	熱回収・熱交換技術，熱輸送・熱貯蔵技術の各要素技術及びトータルシステムの研究開発を実施し，吸収式ヒートポンプシステムの開発など所要の成果を収めた。既に吸収式ヒートポンプシステム等が輸出も含め内外の数十箇所の工場等で稼働しており，実用化が着実に進行。
2. 電磁流体(MHD)発電 （1983年度に終了）	1980年度に完成したマークⅡ発電実験機を使用し灯油燃焼発電実験を行い，1982年度までに計430時間の運転に成功。その結果，灯油燃焼により発電チャネルの耐久性の実証などの成果を挙げ，次期パイロットプラント（熱出力10万kW）の製作に必要な設計資料を集積。
3. 高効率ガスタービン （1987年度に終了）	総合熱効率50%（LHV），出力10万kW，温度1,300℃の高効率ガスタービンパイロットプラントの運転研究を東京電力袖ヶ浦火力発電所構内において実施。総合熱効率51.7%（世界最高），出力9.3万kWまで到達。 プロトタイププラント用タービン翼，燃焼器を組み込んだ高温タービン試験装置により，世界最高のタービン入口温度1,400℃を達成し，レヒート型ガスタービンの複合発電効率55%の実現を確認。 耐熱合金，耐熱セラミックの材料開発，燃焼器，タービン翼の冷却方法の要素技術等の国内メーカーへの波及効果あり。
4. 汎用スターリングエンジン （1987年度に終了）	民生向け冷房用の3kW及び30kWエンジン，産業向け小型動力源の30kWエンジンについて，1982〜84年度に基本型エンジン，1985年度から小型軽量化及び低公害化を重点に実用型エンジンを開発し，最高熱効率37%を達成。当初の目標である熱効率32〜37%を達成し，実用化の目途を得た。
5. 新型電池電力貯蔵システム （1991年度に終了）	4種類の新型電池（ナトリウム-硫黄，亜鉛-臭素，亜鉛-塩素及びレドックス・フロー型）について，1kW級（1983年度），10kW級（1986年度）及び60kW級（1987年度）の電池の試作運転に成功し，それぞれが最高70%，77%及び76.6%の総合エネルギー効率を達成。改良型鉛蓄電池を使用した1,000kW級システム試験設備を，実際の電力系統に連携して運転を行い，69.5%のシステム総合効率を達成（1986年度）。1991年度に2種類の新型電池（ナトリウム-硫黄，亜鉛-臭素）について最終目標である1,000kW級パイロットプラントの運転研究を終了し，初期の開発目標を概ね達成。
6. スーパーヒートポンプ エネルギー集積システム （1992年度に終了）	高性能圧縮式ヒートポンプ及びケミカル蓄熱装置のトータルシステム開発に向けて，媒体・反応系の研究，要素機器の開発，新規部材の研究，システム化研究等で数多くの成果を蓄積。これをもとに，1991年〜92年度にパイロットプラント（1,000kW級）の試作運転研究を行うとともに，3万kW級実規模概念設計を実施し，技術的，経済性等評価を行い，初期の開発目標を概ね達成。

［出典］資源エネルギー庁（編）：新エネルギー便覧平成10年度版，通商産業調査会(1999年3月)，p228

・概要

　1993 年に，サンシャイン計画，ムーンライト計画，及び地球環境技術研究開発の体制を一体化した「ニューサンシャイン計画」を発足させて，持続的成長とエネルギー・環境問題の同時解決を目指した革新的な技術開発を開始した。

　従来，新エネルギー，省エネルギー，及び地球環境技術の 3 つの分野の研究技術開発は独立して推進されてきたが，これらの分野はエネルギー利用と地球温暖化をはじめとする地球環境問題と密接な関係を有しているため，総合的な観点から研究技術開発を推進していくことの必要性が改めて認識された。また，技術的な観点からも，新エネルギー技術，省エネルギー技術及び環境対策技術は共通分野が存在するため，これらの有機的な連携を図ることによりエネルギー・環境技術開発の効率的，加速的推進が期待されることから，これら 3 つの分野の計画を統合したニューサンシャイン計画が策定された。

　この計画は，(1) 地球温暖化防止行動計画の実現を目標にしたエネルギー・環境技術開発プロジェクトの推進を目指す革新的技術開発，(2) 地球温暖化による環境の荒廃を防止するための「地球再生計画」を狙いとした国際大型共同研究，(3) 近隣途上国のエネルギー・環境制約の緩和について，相手国の実状に適した技術的支援を狙いとした適正技術共同研究の 3 つの技術体系により構成された。

　また，ニューサンシャイン計画では，中長期的に顕著な効果が期待される革新的技術開発の課題として，①広域エネルギー利用ネットワークシステム技術（エコ-エネルギー都市システム），②水素利用国際クリーンエネルギーシステム技術（WE-NET），③経済・環境両立型燃焼システム技術（希薄燃焼脱硝触媒技術）に着手している。

　さらに，国際的にも大幅な需要増大が見込まれる石炭については，環境に調和した利用が求められていることから，再生可能エネルギーや希薄燃焼脱硝技術を組み合わせた石炭転換技術として「経済・環境調和型石炭転換コンプレックス技術」の研究開発を進める内容となっていた。

ニューサンシャイン計画の成果

プロジェクト名	成果
1. ソーラーシステム （民生用及び産業用 太陽熱利用システム）	（1）（民生用（住宅用等）システム）1981年度までに研究開発を終え，その成果を生かして低利融資，補助金等の普及政策を実施（1994年末時点で約44万台のシステムを設置）。（2）（産業用システム）空気集熱方式による乾燥システム（フィックスト・ピートプロセス型），冷蔵倉庫システム（アドバンスト・ピートプロセス型高性能断熱材〔要素技術〕）を開発。
2. 太陽光発電	（1）太陽電池製造コストを約1/30強まで低下（2〜3万円→600円/W）させることに成功。（2）アモルファス系太陽電池において，世界最高のレベルの変換効率（10cm角セルで12.0%）及び大面積化（30×40cmで10.5%）を達成。 （3）太陽光発電システムの発電コストを約1/15強まで低下（約2,000円/kW程度）させることに成功。 （4）特殊用途（電卓等）として一部実用化（1993年実績は約1万7千kW相当）。
3. 太陽熱発電	1981年度にタワー集光方式，曲面集光方式とも世界に先駆け，定格出力1,000kWの発電に成功したことを受け，世界最長期間の連続運転を達成するとともに，各種条件下における運転データを取得。
4. 地熱探査技術等検証調査	1980年度から代表的地熱地域である仙岩，栗駒地域において，地表探査，抗井調査を実施し地熱構造と探査技術データとの相関分析に必要な基礎データを整備。高精度MT法の開発により，深部地熱資源探査の経済性を大幅に向上。1988年度からは断裂型貯留層を対象とした探査法を開発。
5. 熱水利用発電システム （バイナリーサイクル発電）	1979年度までの1MW級プラントの研究開発により，技術的可能性を確認したことを受け，1980年度から10MW級プラントの開発に向けての要素技術を開発。その中核技術であるダウンホールポンプの開発（200t/h，耐熱200℃）に世界で初成功。
6. 歴青炭液化	1996年度からNEDOLプロセスによる150t/日パイロットプラントの運転研究を実施。本プロセスは広範囲の石炭（低炭化度の歴青炭から亜歴青炭まで）を比較的温和な条件（標準条件で圧力170kg/cm^2，温度450℃での反応により高液収率（軽・中質油で無水無灰炭基準50%以上））が得られるなど，技術面，経済面での総合評価で，世界最高レベルの渥青炭液化プロセス。
7. 燃料電池発電技術 （1981〜2000年度）	【リン酸型】　200kW級発電システムプラントの試作運転研究等を1990年度に終了。大阪市ホテルプラザに設置した業務用燃料電池発電システムについては，コージェネレーション技術用として80.2%という高い総合効率を達成。またリン酸型燃料電池として世界で初めて170℃のスチーム（冷暖房に利用）の回収に成功。沖縄県渡嘉敷島に設置した離島用燃料電池発電システムについては，送電端発電効率が39.7%と常圧運転のリン酸燃料電池発電システムとしては世界最高値を達成。

プロジェクト名	成果
7. 燃料電池発電技術 (1981〜2000年度)	【溶融炭酸塩型】 1kW級（1984年度），10kW級（1986年度），加圧10kW級及び常圧25kW級（1989年度），加圧25kW級（1990年度），常圧50kW級（1991年度），加圧100kW級（1992年度）の電池を製作し，定格出力運転に成功したことを受け，加圧100kW級世界最高出力（1993年度）発電試験に成功。1MW発電プラントを開発に着手。 【固体電解質型】 400W級（1991年度），1kW級（1994年度）の電池を製作，運転に成功。 【固体高分子型】 1992年度に1kW級モジュールの開発を目指して研究開発に着手し，1995年度に1kW級モジュールの発電に成功。
8. 超電導電力応用技術 (1988〜1999年度)	超電導発電機用として10,000A（4T）級の導体を，交流機器用として10,000A（0.5T）級の低損失導体を開発。酸化物導体では電流密度が$1.1×10^6A/cm^2$の線材を開発。発電機については要素モデルや部分モデルによる技術開発を行い，世界に先がけ7万kW級超電導発電機を開発し，8万kW・700時間の出力に成功。冷凍システムでは従来型について信頼性の高いシステムを開発し，新型についてオイルフリー圧縮機の要素技術を確立。
9. セラミックガスタービン (1988〜1998年度)	セラミックガスタービンの複雑形状に通用する耐熱セラミックの部品化のための成形方法及び肉厚セラミック部品の均質焼結方法等の研究によって，多型変量量を大幅に低下することが可能となった。また，タービン入口温度1,350℃のセラミックガスタービンの運転に成功し，熱効率38.6%を達成。
10. 分散型電池電力貯蔵技術 (1992〜2001年度)	高性能で低廉な新しい正極，負極，電解質などの研究を行うとともに，これらの材料を用いた10Wh級単電池の製作試験を行い，100Wh級単電池，数kWh級組電池の開発に必要なデータを蓄積した。分散型電池電力貯蔵システムの導入に伴う負荷率改善効果，システムの所要性能，電池への要求性能，組電池ほかで考慮すべき事項を明らかにした。

［出典］資源エネルギー庁（編）：新エネルギー便覧平成10年度版，通商産業調査会（1999年3月），p224

技術的戦略マップ（エネルギー分野）（2005年〜2010年の間毎年策定）

・策定・実施主体　経済産業省，NEDO
・策定目的とその背景

　　2004年の新産業創造戦略では，我が国産業が世界に先駆けてイノベーションを創出するとともに，それが持続的・自律的に達成されていくための取組の重要性を明確に打ち出した。

　　これを受け，その一環として技術戦略マップが策定されることとなった。策定された技術戦略マップは，経済産業省の研究開発マネジメントに活用される

とともに，幅広く産学官に提供され，ビジョンや技術的課題の共有，異分野・異業種の連携，技術の融合促進に寄与した。

・概要

　環境・エネルギー調和型社会の構築を目指し，環境・エネルギー関連技術については，年度ごとに特記する分野を分けて技術課題を整理し，各々の技術マップやロードマップを記載している。毎年，トレンドや状況に合わせて改訂され，5年ほど先を見据えた短期目標から30年ほど先を見据えた長期目標までを網羅している。

　2005年度においては脱フロン対策分野，化学物質総合評価管理分野，3R分野の3つであったが，2006年度にエネルギー分野が加わるなどの分野拡大を経て，2010年度には，環境部門のCO_2固定化・有効利用，脱フロン対策，3R，化学物質総合評価管理分野とエネルギー部門のエネルギー，超電導技術，二次電池分野といった7分野に対して技術マップとロードマップが示されている。

Cool Earth-エネルギー革新技術計画（2008年策定）

・策定・実施主体　経済産業省資源エネルギー庁

・背景・目的

　安倍首相が発表した「世界全体の温室効果ガス排出量を現状に比して2050年までに半減する」という長期目標を達成するために作られた。この目標の実現については，従来の技術の延長では実現が困難であり，革新的技術の開発が不可欠であるとされ，2050年の大幅削減に向けて我が国として重点的に取り組むべき技術が特定された。また，本計画では，長期にわたる技術開発のマイルストーンとなる長期的視点から技術開発を着実に進めるためのロードマップを示し，あわせてこのロードマップを軸とした国際連携の在り方を述べている。

・概要

　エネルギー源ごとに供給側から需要側に至る流れを俯瞰しつつ，効率の向上と低炭素化の両面からCO_2大幅削減を可能とする21の技術を選定し，技術開発ロードマップを作成した。技術の課題分類は，効率向上と低炭素化に2分した上で，供給側と需要側，さらに需要側を運輸・産業・民生・部門横断という4つに分類して整理した。

第 4 期科学技術基本計画（2011 年閣議決定）

・策定・実施主体　内閣府

・策定目的とその背景

　1995 年の科学技術基本法の制定以降，我が国全体の科学技術振興に関する施策の総合的かつ計画的な推進を図るため，今後 10 年程度を見通した科学技術に関する計画の策定が 5 年ごとに行われている。

　2011 年末に策定された第 4 期科学技術基本計画は，地球規模の資源，エネルギーなどの獲得競争激化と新興国の経済的台頭によって我が国を取り巻く環境・エネルギー情勢は世界的に厳しい状況に向かっており，また，国内に目を向けると，東日本大震災と福島第一原子力発電所の事故といった未曾有の危機に直面する中，科学技術に求められる役割も大きく変化してきていることを踏まえ，こうした変化に対応し，持続的な成長と社会の発展を実現するための，計画期間における科学技術に関する国家戦略としての役割を果たすものである。

・概要

　将来にわたり持続的な成長と社会の発展の実現のための 4 つの柱の 1 つにグリーンイノベーションの推進を位置付けている。グリーンイノベーションでは，エネルギーの安定確保と気候変動問題という喫緊の 2 つの課題に対応するため，以下の 3 つの重点的取組を挙げている。

　　（1）安定的なエネルギー供給と低炭素化の実現

　　（2）エネルギー利用の高効率化及びスマート化

　　（3）社会インフラのグリーン化

　（1）は主に，原子力政策の見直しや代替エネルギー技術について言及されており，（3）は資源再生技術やレアメタルなどといった代替材料の創出に向けた取組の推進を目指している。各々の分野において，目標達成のための技術開発の方向性などを示しているが，目標水準や開発スケジュールといった，具体的な技術目標は記載されていない。

環境エネルギー技術革新計画（2008 年：総合科学技術会議決定 2013 年：改訂）

・策定・実施主体　内閣府総合科学技術会議

・策定目的とその背景

　環境エネルギー技術革新計画は，2008 年の北海道洞爺湖サミットを契機に策定されたものである。

　環境・気候変動問題への対応は，洞爺湖サミットの主要議題の 1 つであったが，この分野の技術に優れた我が国は，率先して温室効果ガス排出低減のための革新的技術を開発し，地球温暖化問題に関して指導的役割を果たすことが求められていた。

　また，我が国は，世界全体の温室効果ガスの排出を 2050 年までに半減するという目標を内外に表明しており，このような中，その目標を達成するとともに将来にわたって世界の期待に応えていくため，中長期的な視点に基づく環境エネルギー技術開発戦略や普及策を示すこととした。こうした背景から，我が国として，同計画に基づく技術開発を進めることにより，温室効果ガス排出量の大幅な削減のみならず，エネルギー安全保障，環境と経済の両立，開発途上国への貢献等を目指すこととした。

　環境エネルギー技術革新計画は 2013 年に改訂され，技術で世界に貢献していく“攻めの地球温暖化外交戦略の組立て”を目指すこととなった。

　2050 年までに世界全体で温室効果ガス排出量を半減するとの目標に加え，我が国が先進国全体で温室効果ガス排出量を 8 割削減するとの目標を支持する旨をラクイラ・サミット（2009 年）で表明したことを踏まえ，我が国が誇る環境エネルギー技術の開発を促進し，世界に先駆けて国内に普及していく方針を示すことが必要とされた。本計画は，世界全体で効果的な温室効果ガス削減を実現し，アジア新興国をはじめとした国々における経済成長等と温暖化対策の取組の両立を図るためには，革新的技術の活用が不可欠との認識の下，我が国が国際的にリーダーシップをとって，開発と普及を促進することを目指している。

・概要

　2013 年の環境エネルギー技術革新計画の改訂では，これまでの技術開発を反映するとともに，重要技術の再特定などといった改訂が行われた。

　改訂後の計画では，多種多様な環境・エネルギー技術の中から，37 件の革新的技術を特定し（技術課題の追加を含む），短中期（2030 年頃まで）と中長期（2030 年頃以降）の技術開発ロードマップを策定した。また，技術開発推進の

ための施策強化と国際展開・普及に必要な方策について言及している。各々の革新的技術に関しては，日本の技術があるべきそれぞれのレベル（開発目標・導入・普及等）を，時間軸に沿って記載したロードマップも織り込まれている。本計画の技術ロードマップを参考として，科学技術イノベーション総合戦略やNEDO燃料電池・水素技術開発ロードマップ等が作成されている。

　以下に，本計画の革新的技術の一覧を掲げる。

	火力発電	1. 高効率石炭火力発電
生産・供給		2. 高効率天然ガス発電
	再生可能エネルギー利用	3. 風力発電
		4. 太陽エネルギー利用（太陽光発電）
		5. 太陽エネルギー利用（太陽熱利用）
		6. 海洋エネルギー利用
		7. 地熱発電
		8. バイオマス利活用
	原子力発電	9. 原子力発電
	二酸化炭素回収・貯蔵・利用（CCUS）	10. 二酸化炭素回収・貯留（CCS）
		11. 人工光合成
消費・需要	運輸	12. 13. 次世代自動車
		14. 15. 16. 航空機・船舶・鉄道
		17. 高度道路交通システム
	デバイス	18. 19. 20. 革新的デバイス
	材料	21. 革新的構造材料
	エネルギー利用技術	22. エネルギーマネジメントシステム
		23. 省エネ住宅・ビル
		24. 高効率エネルギー産業利用
		25. 高効率ヒートポンプ
	生産プロセス	26. 環境調和型製鉄プロセス
		27. 革新的製造プロセス
流通・需給統合	エネルギー変換・貯蔵・輸送	28. 29. 水素製造・輸送・貯蔵
		30. 燃料電池
		31. 高性能電力貯蔵
		32. 蓄熱・断熱等技術
		33. 超電導送電
その他温暖化対策技術		34. メタン等削減技術
		35. 植生による固定
		36. 温暖化適応技術
		37. 地球観測・気候変動予測

1-3-1. 成果

　エネルギー消費原単位について，我が国は世界でトップクラスの効率性を示しており，特に産業関連分野でのエネルギー利用の効率性は多くの分野で世界最高を誇っている。こうした世界をリードする省エネルギー国家を支えているのは，中長期にわたる省エネルギー技術の開発とその蓄積に負うところが大きい。

　世界最高の発電熱効率を誇る我が国の石炭火力発電所は，同時にNO_x，SO_xの排出を極めて高い水準で抑制することに成功しているが，こうした成果もまた，これまでの技術開発戦略に基づき，計画的に進められてきたことによるところが大きく，更なる革新技術に向けての土台を形成している。

　再生可能エネルギーについても，太陽光発電をはじめとして，世界トップレベルの発電効率を常に競うなど，多くの分野において一定の成果を挙げ，引き続き技術水準向上のための開発が進められている。

　また，従来，アモルファス系太陽電池の大面積化を実現するために開発が進められた技術は，TFT（液晶パネル）の大面積化を可能とする技術として活用され，我が国が世界に先駆けて大画面液晶テレビの市場を切り拓く基盤となるなど，産業の高度化を支える厚みのある技術的蓄積の形成にも貢献している。地熱開発での活用などを視野に入れていた地表探査技術は，シェールガス開発などの分野に応用される可能性から，高効率な資源開発を支える探査技術のベースを形成するなど，当初の目的に縛られず，広がりをもった形で新たな技術革新を促すための貴重な技術的蓄積としての役割を担っていくことになる。

1-3-2. 教訓

　エネルギー分野の技術開発に当たっては，これまでの取組から，より戦略的な技術開発を推進するための技術全体を俯瞰したロードマップの策定や技術を社会に普及させるための取組等が重要であるが，これまでの技術開発において，そうした観点からの戦略やフォローアップが十分ではなかったと考えられる分野もある。

　例えば，超電導送電等に資する超伝導材料や超電導素子については，未だ実用化には至ってはいないが，長期的な研究開発を国家プロジェクトとして主導したこともあり，我が国の技術は世界最高の水準にある。一方，研究開発の過程にお

いて，個別の研究課題ごとのロードマップは策定されていたが，技術全体を俯瞰的に見たロードマップは，技術戦略マップ以前は策定されておらず，他の国家プロジェクト等との連絡・調整が十分に行われるような研究開発プロジェクトの体制が構築されていなかったため，全体最適の観点から，プロジェクトの選択と集中に支障をきたしたとの指摘もなされた。したがって，こうした長期的なインパクトを持つ技術分野については，ターゲットを明確にした上で，方向性を定めていく必要がある。

また，太陽光発電については，初期段階において，開発のためのコストが特に高価であり，目標とするコスト水準との乖離が極めて大きく，超長期の研究開発が必要であったことから，国が先導するプロジェクトで実施したことは有意義であった。一方で，2000年代前半においては，技術革新による発電コストの低減効果は他の要因に相殺されて顕在化していなかったとされていたことを踏まえると，量産化技術等の研究開発目標の設定についても，考慮する必要があったとの指摘もなされている。こうした急速な成長が見込まれる技術分野については，技術そのものの革新に加え，社会にどのように普及させていくかという点も含めた目標の設定を行うことが有効である。

技術ロードマップは，こうしたこれまでの技術開発計画の貴重な成果に連続しつつ，これまでに得られた教訓も踏まえた上で，新たな発想を加えた革新的な技術の開発を進めるための道筋を示すものである。

2 主要技術課題のロードマップ

2-1. 技術課題

エネルギー関連技術開発の戦略については，近年においても累次の技術戦略マップや「Cool Earth‐エネルギー革新技術計画」，2008年及び2013年の「環境エネルギー技術革新計画」などでまとめられている。それらで取り上げられたエネルギー関連の技術課題は，基本的に現在においても重要な課題である。さらに，第四次エネルギー基本計画で新たに触れられているか，又は，特に重要なものとし

て取り上げられている技術課題についても，方向性を示すことが求められること
になる。

　今般のロードマップでは，以上を踏まえてまとめられた「環境エネルギー技術
革新計画（2013 年 9 月総合科学技術会議決定）」を踏まえつつ，エネルギー政策
の観点から技術課題を整理し，各課題に対応した技術開発の推進についてロード
マップの形で示している。

2-1-1. 技術課題の特定

　上述のとおり，本ロードマップで取り上げる技術課題は，「環境エネルギー技
術革新計画」と第四次エネルギー基本計画を踏まえて選定され，加えて，技術内
容から，従来は同じ技術課題に区分されていたものを，別の技術課題とした再整
理が行われている。

　こうした対応から，特に以下の点について「環境エネルギー技術革新計画」とは
異なる形で技術課題が取り上げられている。

- ・化石燃料開発に関する技術（資源開発，メタンハイドレート等）
- ・再生可能熱利用に関する技術
- ・革新的製造プロセスに関する技術の細分化（石油精製プロセスとセメント製
  造プロセスの分離）
- ・宇宙太陽光発電システムに関する技術
- ・原子力発電に関する技術
- ・革新的デバイスに関する技術の細分化（情報家電・ディスプレイとパワーエ
  レクトロニクスの分離）
- ・水素に関する技術の細分化（水素製造，水素輸送・貯蔵，水素利用の分離）

2-1-2. 技術開発課題の分類

　技術開発課題の分類については，「環境エネルギー技術革新計画」の基本的な
枠組みを踏襲し，基本的に，生産・供給，流通，消費のエネルギー・資源のサプ
ライチェーンの 3 つの局面に対応した形で整理された。

　ただし，第四次エネルギー基本計画では，新たな二次エネルギー構造を支える
ことが期待される水素について全体像を示し，先般，水素ロードマップが策定さ

2 エネルギー政策とそれを支える土木技術

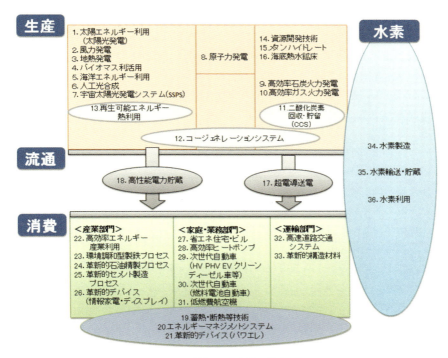

図-2 技術課題全体の整理図

れたことを踏まえ，水素に関する技術課題についてはサプライチェーンの段階から整理を行った技術課題とは別に，水素という分類を別途設定して，水素に関連する技術課題を整理している。

以上を踏まえ，個別の技術課題を第四次エネルギー基本計画で取り上げられた政策課題に従って位置付けることとする。

2-2. 策定方針

「環境エネルギー技術革新計画」においては，各技術課題について，1）技術の概要，2）我が国の技術開発の動向・課題，3）技術ロードマップ，4）国際動向，という形でロードマップを策定し，国内普及策，研究開発を着実に推進するため

| 55

の政策強化等, 国際展開・普及施策を横断的に進める施策として整理を行っている。

　今般のロードマップでは, 全体として, 我が国におけるこれまでの技術戦略, 主要国における技術戦略の状況を整理し, 時間軸 (これまでの技術開発の取組) と空間軸 (各国の技術開発の取組) の上に, 今般整理した技術課題を位置付ける構成をとっている。こうした構成上の特徴を踏まえ, 個別技術課題のロードマップの個表の作成に当たっては, 特に以下の点について留意して作業が行なわれている。

2-2-1. 各技術課題の開発の必要性の明確化

　技術課題は, エネルギー制約や資源賦存状況, これまでの技術開発成果の蓄積など各国のエネルギー事情を踏まえて, 合理的な判断の下で選定されるものである。したがって, 各技術課題のロードマップの個表では, それぞれの技術を必要とする理由を明確化している。

　これによって, どのような条件から当該技術が開発の推進を要するものであるかという点について説明することで, 他国とは異なる優先付けや取組である場合にも, それがどのような理由に起因するのかという点を明らかにしている。

　また, それぞれの技術課題の必要性を明確にすることによって, その技術開発がどの程度の緊急性を有し, それを踏まえてどれくらいの時間軸で開発を進めていくべきものであるのか, ということを共有しやすいように配慮している。

2-2-2. 技術の社会実装化に向けた課題の明確化

　「環境エネルギー技術革新計画」においても, 国内普及策として, 投資促進策, 規制的手法, 低炭素製品の購買促進策, 規制・制度改革, 実証事業が挙げられ, 優れた技術が普及することの重要性を踏まえた報告となっている。

　今般のロードマップにおいては, こうした考え方を更に推し進め, 個別の技術課題ごとに導入に当たっての制度的制約等の社会的課題を明確化している。

　新たな技術を実際に社会で活用していくために, それぞれの技術で乗り越えなければならない課題は大きく異なる。既存の技術の延長線上にあり, その効率を抜本的に向上するようなものである場合には, 利用者が実際に購入できる価格帯で販売できるかどうかということが鍵となる場合には, 低コスト化が課題として

56

浮上し，技術開発の具体的な内容も低コスト化のための原材料の使用量の減量化などが課題となる。

一方，新たなエネルギー源の導入につながるような場合には，その安全性自体を評価するための計測法や安全性確認方法自体が存在しないことも多く，安定的な供給のためのインフラの整備を必要とする場合もある。こうした技術課題の場合には，サプライチェーンの構築に関係する政策を並行的に推進することになり，社会への実装には相当程度の時間を要することが想定される。

社会的に導入するための課題を明確にすることで，単に技術開発を進めるのではなく，関連する施策の遂行に関する時間軸を整理して戦略的に展開することが明確になるとともに，技術開発のロードマップ自体も，より現実的な形で整理することが可能となる。

2-2-3. 現実的なロードマップの策定

今般のロードマップの策定に当たっては，単に技術開発の目標を掲げるのではなく，そうした目標が，どのような条件の下で達成することが可能となるのか，という点もできるだけ明らかになるように整理している。

特定の技術開発目標だけが一人歩きして，ある時点において当該技術開発目標が無条件に達成されたことを前提として，その時点のエネルギー事情を予測するような議論は，できるだけ避けなければならない。このためには，技術開発目標を実現するための前提となる他の技術開発の成果や経済条件等を総合的に踏まえることが必要である。

こうした細やかな記述をロードマップに加えることにより，将来時点におけるエネルギー事情の予測をより現実的に行うことが可能となることに貢献できる技術ロードマップとなるように配慮している。

2-2-4. 個別の技術要素間の関連性を意識した細分化されたロードマップの設定

技術開発課題をより細分化して技術要素を整理した場合に，各技術要素が他の技術課題の要素との間に緊密な関係が出てくるケースは少なくない。

例えば，技術課題として別々に整理されている人工光合成，CO_2回収・貯留，水素製造の間では，人工光合成という課題に対応する3つの技術開発要素の取組

について，事業化まで長期間を要する光触媒や分離膜の技術が確立する前であっても，水素製造によって得られた水素と CO_2 回収技術で得られた炭素を，人工光合成の 3 つ目の技術開発要素である合成触媒の技術を活用して，高付加価値材料であるオレフィンの合成につなげることが可能となり，それぞれの技術課題への取組が相互に影響しながら，付加価値を生み出す技術連鎖の体系に位置付けることが可能となる。

このように，個別の技術開発要素が特定の技術課題の中で閉じるのではなく，他の技術課題の中の他の技術開発要素との組合せによって新たなサプライチェーンを構成する可能性があることを踏まえ，そうした可能性を想定することができるよう，ロードマップでは，適切に細分化された技術開発要素を設定するように努めている。

ロードマップの個表の策定に当たっては，以上の点を明確に意識して整理を行うことで，より現実的かつ将来のエネルギー関連技術の社会への影響を理解しやすい形で示すように工夫を行っている。

また，こうした技術を特定したアプローチの他に，真に革新的な技術の萌芽を見つけ出す基礎・基盤的研究などにおいて，潜在的な技術ニーズを広く汲むための施策や支援体制と，それを実用化に結びつけることで革新的成果や波及効果が生まれやすい環境整備を行うことも重要である。

3 世界の水力発電の概況と展望

3-1. 水力発電展開のビジョン

ここでは，最初に水力の技術的ポテンシャルを概観し，続いて短期的な見通し，さらに IEA のモデリングに基づく 2050 年までの展開について述べる。その後，世界の各地域の事情について述べ，「広範な再生可能エネルギー普及の背景」について詳述した後，揚水発電の詳細とその展開の見通しについて検討する。最後に，水力発電の展開が 2050 年まで CO_2 排出削減に与える効果を含めた，水力発電の効用について論じる。

2 エネルギー政策とそれを支える土木技術

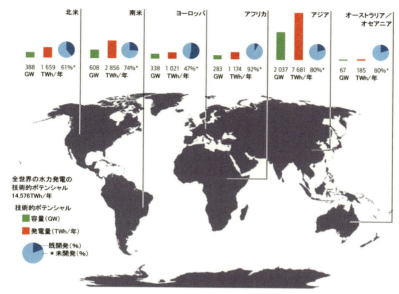

図-3 世界の包蔵水力

3-1-1. 技術的ポテンシャル

　水力発電の技術的ポテンシャルは，通常，約 15,000TWh/年と推定されており，これは降雨流出量の年間合計から得られる理論的ポテンシャルの約 35％である（例えば，IJHD, 2010）。この技術的ポテンシャルは，年間の稼働時間を 4,000 時間とすれば，全世界で 3,750GW の発電容量に匹敵する。未開発の技術的ポテンシャルの比率はアフリカ（92％）が最も高く，その後にアジア（80％），オーストラリア/オセアニア（80％），南米（74％）が続く（図-3）。世界で最も工業化が進んだ地域でも，未開発のポテンシャルは高く，北米で 61％，ヨーロッパで 47％である。

3-1-2. 短期的展開

　世界の水力発電設備容量は，近年，毎年 24.2GW の割合で増大しており，2011 年末に 1,067GW に達した（揚水発電所を含む）。全容量は 2017 年に 1,300GW に達すると予測される（IEA, 2012b）（図-4）。

| 59

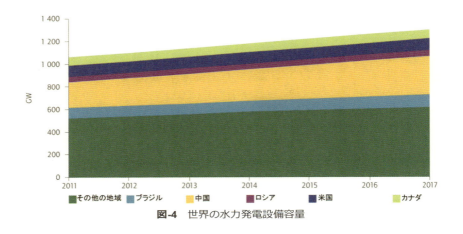

図-4 世界の水力発電設備容量

3-1-3. 長期的展開

　本ロードマップにおける水力発電の長期的展開のビジョンは，IEA の「エネルギー技術展望 2012」(ETP 2012) の 2℃シナリオ (ETP 2DS) に基づいている。これは，全エネルギー部門にわたるエネルギー技術が，年間 CO_2 排出量を 2009 年比で半減するという目標を，いかにして集団的に達成できるかを述べている (IEA, 2012c)。天然資源の利用可能性などの制約を考慮して，エネルギー需要に適合するエネルギー技術および燃料の最小コスト構成を明らかにするため，ETP モデルでは，コスト最適化の手法を用いている。

　2DS は世界の水力発電設備容量が，2050 年までに現在のほぼ 2 倍の 1,947GW になると予測しており (IEA, 2012c)，発電電力量は，現在の 2 倍の約 2,100TWh とし，水力発電が発電電力量全体に占める割合は"ほぼ一定"と予想している。水力発電の伸びは，主に新興国に集中している (図-5)。

　6℃シナリオ (6DS) のベースラインでは，絶対値が 5,700TWh 超まで増大しているにもかかわらず，全発電量に占める比率は過去からの長期的傾向に従って低下し続けるものとし，一方，2DS では，水力エネルギーがさらに急激に増加し，エネルギー効率の向上によって総発電量の成長速度が鈍化することから，比率は 2035 年以降に再び低下するまで上昇すると予想している (図-6)。

2 エネルギー政策とそれを支える土木技術

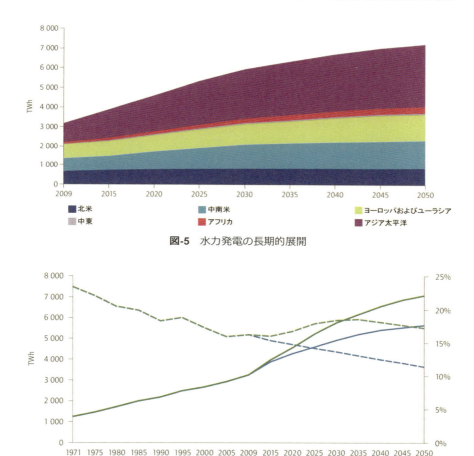

図-5 水力発電の長期的展開

図-6 水力発電の電力量と構成比率

「IPCC 再生可能エネルギー源と気候変動緩和に関する特別報告書（SRREN）」（IPCC, 2011）は，水力発電に関するシナリオを検討し，水力発電の展開は 2050 年には，9,770TWh に達する可能性があると判断している。これは，評価した 164 のシナリオに基づく最も高い予想値であり，最も野心的な排出削減目標を適用し

ている。安定化シナリオにおける水力発電の平均的貢献は約 5,300TWh で，75 パーセンタイルでは 6,400TWh に増大する。水力発電市場のポテンシャルは 2050 年に 8,700TWh/年を超えると予想している（IJHD, 2010）。

3-1-4. 地域各論

（「日本」については本節の末尾で詳細を述べる）

●アフリカ

　アフリカ大陸は，未開発の水力ポテンシャルの比率が最も高く，現在開発されているのはわずか 8％である。このポテンシャルの大部分は，主に，コンゴ川，ナイル川，ニジェール川，ザンベジ川など，アフリカの奥地，国境河川地域に位置している。

　アフリカでの開発にとって大きな障害の 1 つは，地域の不安定さであり，特に広範囲な国境を超える電力輸送を必要とする大規模プロジェクトでは問題となる。おそらく世界最大の水力開発であるコンゴ川のグランド・インガは，計画の初期段階で何度も失敗を経験してきた。発送電のために必要なインフラは膨大であり，同大陸の大部分に関係するものと予想される。これらの大型プロジェクトに対する規制上の問題としては，国家による独占が行き渡っていること，水政策と電力政策の統一性の欠如，送電網へのアクセスなどがある。

　大型プロジェクトとは対照的に，多数の小規模プロジェクトは現在問題なく進められている。独立系発電事業者（IPP）が一部の国でその数を増やしつつあることもあり，アフリカにおける資源開発の動きが大きな推進要因となっている。多数の資源会社が独自の水力を開発し，採掘作業における化石燃料への依存度を低減したいと考えている。

　大型プロジェクト開発は，近い将来もアフリカの課題として残るものと予想されるが，小規模の水力プロジェクトは資金拠出が容易であり，社会的影響が小さく，プロジェクト開発サイクルが短い。地域的な送配電網の強化と維持管理への投資増大と共に，これらの新たな取り組みは，大陸の短中期的なエネルギー不足に大いに貢献する可能性が高い。

　本ロードマップは，アフリカにおける水力の総発電容量が，2050 年までに 88GW，発電電力量は 350TWh に達すると予測している。

●中南米

　中南米における水力開発は著しく，設備容量は 150GW に達している。同地域の電力の約 1/2 は水力によるものである。これは同地域のエネルギーミックスが，特に発電に関して，その 26％が再生可能資源によることに大きく貢献している。未開発の水力ポテンシャルは約 540GW である。

　水力プロジェクトは，同地域の多くの国で拡張計画の主要な部分を担っている。これは，経済，環境および技術的要因に加え，水力プロジェクトが国の先進エネルギー計画に基づくことによるもので，ラテンアメリカとカリブ諸国では法律を制定し，影響を受ける地域との交渉と協議に係るガイドラインも設けている。歴史的にブラジルでは，大きなポテンシャルと有利な経済性から，主に水力を基本として電源を開発してきた。現在の水力発電システムは，数年にわたる流水の調節が可能な大きな貯水池が，複数の河川流域に分布している複雑なカスケードを構成している。系統には補助的な火力発電システムが接続されている。2010 年には，発電設備容量 103GW のうち 78％を水力が占めた（MME/EPE 2011）。エネルギー10 ヶ年計画 2020（PDE 2020）は，水力の発電容量が約 115GW に増大すると予測しており，総発電電力量に対する水力のシェアは 80.2％から 73％に低下するが，風力とサトウキビの搾りかすを使用するコージェネレーションが普及する結果，再生可能エネルギーとしてのシェアはほぼ一定値を保つと予想される。

　南米では他に，以下の国々が水力を積極的に開発している。

・チリ：2021 年までに，約 10 地点の水力発電プロジェクトが計画されており，設備容量は 1,917MW 増大すると予想される。さらに，2021 年以降に，1,600MW を供給するアイセン水力発電複合施設が系統に組み込まれるとみられる。

・コロンビア：2011〜2025 年の拡張計画は，設備容量を 7,914MW 増加することを目指しており，そのうち 6,088MW は水力発電プロジェクトによるものとなる予定である（出力 3,000MW のイツアンゴ発電所を含む）。

・コスタリカ：同国は 2021 年にカーボンニュートラルとすることを約束しており，水力開発はこの目標達成に不可欠である。設備容量は 2021 年までに 1,613MW 増加する予定で，そのうち 1,471MW は水力，残りは風力エネルギーによって得る予定である。

・エクアドル：政府は 2032 年までに全発電設備容量に 4,820MW を追加する計

画で，そのうち 2,590MW（54%）は水力発電となる予定である。1,500MW を
供給するコカコド・シンクレイア水力発電プロジェクトは，2016 年に発電を
開始する予定である。
・ペルー：1,153MW の水力発電所の設置で水力の発電容量が大幅に増加し，総
発電容量 3,163MW に達するものと予想される。

本ロードマップは，2DS に基づき中南米の総発電容量は 2050 年までに 240GW
で，そのうちブラジルだけで 130GW と予測し，水力の発電電力量は 1,190TWh に
達し，これも 1/2 以上がブラジルによるものと予想している。

ブラジルの 2030～2050 年の公式予測は，2DS よりもかなり高く，2030 年につい
ては 164GW および 827TWh，2050 年については 180GW および 905TWh である。
これは，経済成長と電力消費量について異なる仮定に基づいているためである
（MME/EPE, 2007, 2011）。

●北米

米国エネルギー省（USDOE）は，既存施設の増強と最適化，発電参加していな
いダムへの参入，小型水力発電の開発を通じて，水力の発電容量を倍増すること
を目指している。水力発電施設からの発電の増大と環境影響の低減を焦点とした
水力に関する覚書（MoU）が，2010 年 3 月に米国エネルギー省，内務省，陸軍工
兵隊の間で締結された。

米国の一部の地域では，出力変動を伴う再生可能エネルギーの比率が，主に風
力および太陽光発電の増加によって 30% 以上増大している。積極的なクリーンエ
ネルギー普及シナリオ（米国エネルギー省の「Sun shot」の太陽光比率の 15%～
18% 目標，「2030 年までに風力 20%」目標など）の下，揚水発電所の設置，およ
び既存の貯水池式発電所の増強は，増えつつある出力変動を伴う再生可能エネル
ギーの統合にとって極めて重要になると考えられる。また，ゼロカーボンのク
リーンエネルギーを水力から得ることを目指す戦略的ビジョンを策定すること
に加え，気候変動が水力発電施設からの電力量に与える潜在的影響の評価を進め
ている。その Climate Chang Assessment Report（気候変動評価報告書）は，5 年ご
とに見直され，気候変動の水文学的影響と，その結果生じる米国の水力発電能力
への影響を推測している。

カナダはすでに，その電力の約 60％を水力により発電している。同国は現在，40TWh/年を米国に輸出しており，これは米国の電力供給量の約 1％にあたる。カナダ水力協会の研究によると，未開発の水力ポテンシャルは 163GW 残っていると推定され，これは現在の容量である約 74GW の 2 倍以上である。現時点で，14.5GW の新規水力施設が建設中または計画が進んだ段階にあり，今後 10〜15 年の間に運転を開始すると予想される。

本ロードマップは，北米の水力の総発電容量は 2050 年までに 215GW，発電電力量は 830TWh に達すると予想している。

● アジア

中国では新規水力開発が旺盛で，水力の発電電力量は2005年の約400TWhから，2011 年の 735TWh へと飛躍的に増大し，2017 年までに 1,100TWh に達すると予想され，2035 年までに 1,500TWh を超える可能性が高い（IEA, 2012c）。今後 20〜30年間，水力は中国のエネルギーミックスにおいて，石炭に次ぐ 2 番目の位置を保つと予想される。揚水発電も，2015 年までに 30GW，2020 年までに 70GW を目標として導入されつつある（Gao, 2012）。

インドでは，中央電力庁が河川流域別の水力マップを作成し，399 の水力開発計画148.7GW, 56 の揚水プロジェクト 94GW について順位付けをした（CEA, 2001）。2003 年 5 月に政府は，162 のプロジェクトからなる「50,000MW 水力発電計画」を開始したが，うち 41 は貯水池式であり，121 は流れ込み式であった。それらの開発は，環境に関する承認の遅れ，森林伐採，インフラ（道路，動力および信頼できる通信システム）の不足，ならびに汚職，土地取得，利益分配，移住および生活再建に関する問題といった複数の制約に直面している。接続する送電システムの開発も課題である。州政府はダム開発への反対を克服するために，貯水池式よりも流れ込み式を選択しているが，それによってピーク電力および灌漑や飲料水についての安全保障といった，水力の持つ高い有用性を失う可能性がある。

南アジアは資源に富む地域であるにもかかわらず，依然として経済成長が抑制される電力不足の状況にあり，エネルギーに関する協力の余地は極めて大きい。インドと国境を接する3か国は，国内需要を上回る豊富な水力ポテンシャルを有する：ネパール（84GW），ブータン（24GW），ミャンマー（100GW）。需要と供

給の差が大きく，いつでもインドに電力を売れる状態である。本ロードマップは，アジアの水力の総発電容量が2050年までに852GWとなり，その1/2は中国，1/4はインドが占め，総発電電力量は2,930TWhに達すると予測している。

●ヨーロッパ

　現在，ヨーロッパ（ユーラシアとロシアを除く）では，技術的に開発可能な水力のポテンシャルのうち約1/2しか開発されていない。追加可能なポテンシャルは年660TWhで，そのうち276TWhはEU加盟国，200TWh超がトルコである（Eureletric, 2011）。すでに水力を大規模に開発している国では，環境規制および経済的配慮から，それ以上の拡大が制限される場合があり，また，すべての技術的ポテンシャルが開発されるわけではないと考えられる。例えば，フランスではすでに水力によって平均67TWh/年を発電している。全体的な技術的ポテンシャルは95TWh/年と評価されているが，最も厳しい環境保護対策を十分に考慮すると，80TWhとなるが，それでも現在より19％増である（Dumbrine, 2006）。

　EU加盟国は，2020年までに再生可能エネルギーの利用を20％にする共通目標を設定している。EUは，汚染の低減に重点を置いて，河川をできるだけ本来の環境に戻すための「水枠組み指令」を導入した。この結果，特定の河川では増加する補償流量（すなわち，水力発電所をバイパスする流水）により，発電電力量の低下が生じると予想される。

　ヨーロッパにおける今後の水力開発で大きな障壁となるのは，EUエネルギー政策と様々なEU水管理政策との協調不足である。これは，規制面で大きな不確実性を生み，矛盾するEU法の国レベルでの実施にばらつきが大きいことで増幅される。再生可能エネルギー計画の実施を推進するため，多数のEU諸国がFITのような大規模な経済支援プログラムを導入している。こうしたプログラムには小規模水力プロジェクトを含むもので，ほとんどが大規模水力プロジェクトを除外している。

　こうした背景で，貯水池式水力発電所および揚水発電所は，出力変動を伴う再生可能エネルギーの拡大を促進する可能性がある。いくつかの国は，水力ポテンシャルが大きいノルウェーとの関係を強化または構築しつつある。例えば，ノルウェーのStatnettと英国のNational Gridは，共同でノルウェー・英国間にHVDCC

ケーブルを敷設するプロジェクトを進めている。「北海洋上連系構想」は，エネルギー安全保障を提供し，競争を発展させ，洋上風力を連系することを目指している。これはノルウェーの水力発電から恩恵を受けるものと予想される。アルプス山脈やピレネー山脈の貯水池式およびカスケード水力発電所も，風力発電および太陽光発電の拡大支援において，重要な役割を果たすと考えられる。

　揚水発電所は，以前は夜間の揚水と昼間の発電に使用されていたが，現在は出力変動を伴う再生可能エネルギーが拡大したために，昼間および夜間のどちらでも頻繁に揚水と発電に使用されている。ヨーロッパは，オープンループ式またはポンプバック式のどちらにおいても，新規揚水発電所開発の最前線にある。例えば，ドイツは従来型水力がきわめて少ないが，すでに約7GWの揚水発電所を所有し，2020年までに2.5GWを追加する予定である。同じ期間に，フランスは現在の5GWに3GWを追加し，ポルトガルは1Gwの容量を4倍にする予定である。イタリア，スペイン，ギリシヤ，オーストリアおよびスイスも，新規揚水発電の開発を計画している。これらの国々の再生可能エネルギー計画によると，EU諸国は揚水発電容量を2005年の16GWから2020年までに35GWに増大する予定である。

　本ロードマップは，ヨーロッパの水力の発電容量は2050年までに310GW，発電量は915TWhに達すると予測する。

●ロシアおよびユーラシア

　現在のロシアには47GWの水力発電設備があるが，10GW近くは40年を超える設備であり，7GWが建設中，12GW以上が計画中である。ロシアの2020年までのエネルギー戦略からすると，エネルギーミックスでの水力発電の比率は，現在の約20%を保つ必要がある。

　タジキスタンでは，現在5GWの水力発電所が運転中で，同国の電力の95%を供給しているが，その40%はアルミニウム生産で消費される。確認されたポテンシャルはきわめて大きく，パンジ川だけで総容量18.7GWの14箇所の発電所が開発できる。キルギスタンもポテンシャルは非常に高く，そのうち約10%しかこれまでに開発されていない。大規模な開発には，より一層の地域協力の改善と国際社会からの支援が必要である。

　本ロードマップは，ロシアおよびユーラシアの水力の発電容量は2050年までに

145GW，水力発電電力量は 510TWh に達し，その約 75%はロシアにおけるものと予想している。

● 日本

我が国における既設水力発電所の概況を図-7 に，発電電力量の電源別構成を図-8 に示す。

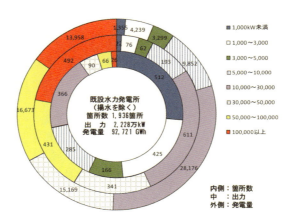

図-7　既設水力発電所の概況

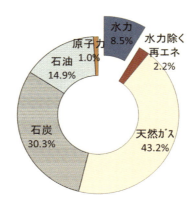

図-8　発電電力量の電源別構成

2 エネルギー政策とそれを支える土木技術

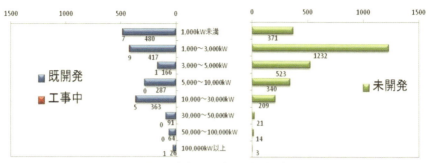

図-9 水力発電所の出力別分布

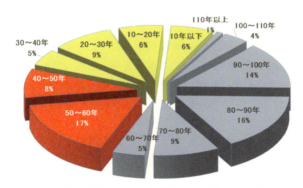

図-10 水力発電所（揚水式を除く）の経年分布

　これらの図から明らかなように我が国には約 2,000 個所の水力発電所（揚水式を除く）があり出力で 2,300 万 KW，発電量では 930 億 KWh を供給しており，全電源の 8.5％を占めている。
　水力発電所（揚水式を除く）の出力分布を示したのが図-9 である。
　この図から，未開発地点の小規模化が覗えるが，既設の平均出力約 1.2 万 KW に対し，未開発地点は 4,600KW 程度である。
　また，水力発電所（揚水式を除く）の経年分布を示したのが図-10 である。大半が 40 年以上前から稼働しているものであり，80 年を超えるものも多数ある。

| 69

以上のことを総合的に勘案すると，小規模発電所向けの発電機器の開発・導入，および，施設計画の合理化は基より，小規模・多数化した未開発地点の開発には開発計画のグルーピングや，小断面水路の合理的施工法の開発導入等が効果的であることがわかる。また，図-10 は経年発電所が多くを占めていること示しているが，概して，開発年代の古い発電所は，出力を小さめに設定している傾向にある。これらの再開発に際しては，発電所の利用率と，河水の利用率との兼ね合いに重点をおいて十分な検討をすることが大事である。

　近年，計算機による数値解析法が長足の進歩を遂げ，渦を伴った流力解析の信頼性も向上し，従前，経験的な試行と小型モデル水車での性能試験等に基づいて決定されてきた水車ランナー形状決定も大幅に省力化され，併せて，最適形状が解析的に求まることから，水車効率を格段に向上させることも可能となっている。図-11，図-12 にその流力解析の事例を示す。

　我が国の揚水式発電所については，2016 年 1 月現在，42 発電所，合計出力 2,724 万 KW の総設備容量を有している。従前は主として，昼間のピーク対応や適正な予備力を構成する役割を受け持っていたが，近年，原子力発電所や石炭火力発電所の余剰出力を背景とした「経済揚水」に重点が移ってきた。また。可変速揚水機の普及を背景に，太陽光，風力等の出力変動の著しい電源に対する電力系統の

図-11　フランシス水車流れ解析図

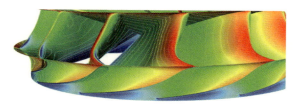

図-12　フランシス水車圧力分布図

調整も期待されるようになっている。現時点では建設中発電所のユニットの追加以外には、新たな発電所の建設機運は強く感じられないが、3-2. で述べるような展開となれば、再び増強が要請される可能性は高い。

3-1-5. 広範な再生可能エネルギー普及の背景

前述の予測を，エネルギー技術展望（ETP 2012）の様々なシナリオのもとで，発電における燃料ミックスという，より一般的な予測と関連づけることは，クリーンな再生可能エネルギーの提供と，出力変動を伴う再生可能エネルギーの送電網への導入の実現という水力の 2 つの役割を明白にする上で興味深い。ETP 2012 の 2℃シナリオ（2DS）は多様化に向かう傾向を強く示しており，再生可能エネルギー全体で電力の 57%を供給する。出力変動が最も大きい再生可能エネルギー（風力，太陽光発電（PV）および海洋エネルギー）が，最も多く増加し，全供給量の 22%を占める。

ETP 2012 は，2DS の派生シナリオも示している。特に再生可能エネルギーの普及に関連するものの一つは，2DS Hi-REN（high renewables）と呼ばれる。このシナリオにおいて，再生可能エネルギーの役割拡大が，原子力エネルギーの縮小および CO_2 回収貯留（CCS）技術の開発の遅れを補っている（図-13）。出力変動を

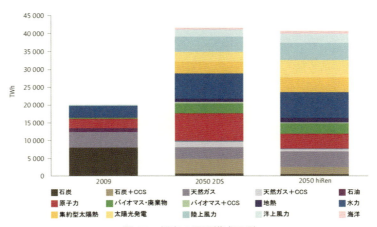

図-13 将来の電源構成予測

伴う再生可能エネルギー（太陽光発電および風力）の比率は，22%から30%に増え，水力の柔軟性と貯蔵能力がより一層有用になってくるものと予想される。

貯水池式水力発電は，その柔軟性により出力変動を伴う再生可能エネルギーの導入に貢献することができるものであり，揚水式はこの側面では最も費用対効果の高い方法であることから，今後，導入が加速化する可能性がある。

3-2. 揚水発電の展開

3-2-1. 技術的ポテンシャル

揚水発電の技術的ポテンシャルに関する世界的規模の研究はないが，揚水発電所は既存の貯水池式水力発電所を利用して建設できることから，そのポテンシャルはきわめて大きい（Lacal Arantegui et al. 2012）。追加の貯水池を既存の水力発電設備の近くに建設することは，山岳地帯で多くの場合可能である。両方の貯水池が，カスケード式水力発電システムの構成要素としてすでに存在している場合もあり，この場合は，水車の交換，またはポンプおよび適切な管路を追加すること等によって形成できる可能性もある。カナダと米国の国境にあるエリー湖とオンタリオ湖の場合のように，自然の湖が極めて大きく大規模な貯水容量を設定することが可能となる場合には，長いピーク時間を確保することができる。崖の上の貯水池への海水の汲み上げ，または，閉ループ（すなわち，いかなる河川流域からも独立した）システムでの水の汲み上げによるプラントまで考慮すれば，さらに大きな可能性が追加される。自然の落差がない場合，洋上の「電力島」や平原上または海岸の台地上などに，完全に人工のシステムを建設することも考えられる。

既に，一部の揚水発電所は，可逆式のポンプ水車を用いて，出力変動を伴う再生可能エネルギーをサポートする重要なサービスを提供している。

3-2-2. 短期的展開

現在，多数の揚水発電プロジェクトが計画中であり，そのほとんどは中国とヨーロッパにある。開発中のプロジェクトには，30〜50年経った水力発電所の近代化，アップグレードまたは全面的再開発，および漸移的再開発などがある。

日本の神流川揚水発電所は 2005 年に 470MW のポンプ水車で運転を開始し，今後数年で 5 台のポンプ水車を追加する予定である．揚水発電は，ドイツ，スペイン，ポルトガルなど数か国では，すでに風力発電を支援する役割が増大しつつある揚水発電の経済性は，多くの国々でこの数年間逆に低下し展開が鈍化してきた．

3 年前，世界の総発電容量は 2014 年までに 200GW を超えると予想されたが（Telgram, 2009），現在，このレベルはさらに数年間達成されそうにない．

3-2-3. 長期的展開

揚水発電の世界規模での長期的展開についての評価は複雑である．エネルギー関連 CO_2 排出量がきわめて少ない再生可能エネルギーを大規模に利用する現在のビジョンにおいては，需要ピークへの対応，風力や太陽光発電所の調整・補完は，従来型の大きなベース電力貯蔵と，極めて小さな負荷率の安価なピーク電源を組み合わせることで，理想的に実施できると仮定する傾向がある．

ETP 2012 に設定された簡素化アプローチでは，揚水発電が電力貯蔵能力の主要なものであり続けると仮定している．揚水発電容量が全発電容量に占める比率は，各々の電力システムの状況に大きく依存し，水力が主体的な場合はかなり低いが，柔軟性の低いシステムでは高い．揚水発電は現在，北米で約 2%，中国で 3%，ヨーロッパで 5%，日本で 11%を占め，いずれもシェアが増加しつつあり，「低」予測でも 2050 年までに約 400GW になると予想されているが，これは，現在の揚水発電の容量の 3 倍近い値である．派生シナリオの Hi-REN では，一部の地域（特に，ヨーロッパと米国）で，貯水池式水力の調整の役割をそれほど増やさずに，出力変動を伴う再生可能エネルギーの比率の増加を示しているが，より多くの揚水発電所が必要となる可能性が高い．その結果，揚水発電は 2050 年までに現在の発電容量の約 5 倍である約 700GW になるとみられるが，それでも揚水発電の比率は，現在の日本のレベルよりも低い．一部の専門家による揚水発電の利用レベルはさらに高くなるとの予想を考慮して，本ロードマップでは，2050 年までに揚水発電の容量が 400GW～700GW の範囲になるものとしている．

3-3. CO_2 削減効果

3-3-1. 水力発電による CO_2 の削減

　また，本ロードマップにより予測されている 2050 年までの持続可能な水力の導入により，ETP 2012 の 6DS と比較して，年間 10 億トンの CO_2 排出が回避される。これは 2DS の全 CO_2 削減の 2.4%，電力部門の削減量の 6.2%にあたる。さらに，気候変動の緩和においては水力の展開が与える影響は，これらの数値よりもさらに大きい。6DS の水力発電の 75%増加がない場合，ガスと石炭で置換されると仮定すると，このシナリオにおいて既に大量となっている CO_2 排出は，2050 年までにさらに年間 20 億 t も膨れ上がると予想される。その上，貯水池式と揚水発電は，風力発電および太陽光発電の参入により増大する電力系統の調整力の確保と，それに伴う CO_2 排出削減を促進するのに役立つのである。

3-4. 水力開発の意義と地球環境への貢献

3-4-1. 水力開発の意義
1）安定した供給力
　水力発電は流水が有するポテンシャルエネルギーを電気エネルギーに変換するものであり，電源コストの大半は建設に要する固定費である。しかも他の電源に比べプロジェクトライフが長いことから，その長期安定性については他の追随を許さないものである。しかも領国内の水資源を利用するものであることから，所謂「資源争奪戦」とは無縁で資源・エネルギーを巡る世界情勢には影響を受けることはない。

2）経済効果
　かつて水力開発に伴う需要誘発効果について我が国の産業連関表を用いて算定した結果，公共事業に匹敵する約 4 倍の値が得られた。しかも，他の電力プロジェクトでは需要が都市や工業地帯に集中しがちであるのに対し，土木工事費の比率が高いことから，地元における需要が比較的多く誘発される特徴を有している。

国際プロジェクトに焦点をあてると，当該国の事情によりこの効果には幅があるものとは考えられるが，いずれ，L.C.（内貨）ポーションの比率が高く国内需要を刺激する効果は大である。また，Commodity loan（商品借款）のような短期的な援助とは異なり，衛生状態の改善や文化の向上をはじめとする民度を押し上げる効果には極めて大きいものがある。我が国の円借款はマルチラテラル援助機関のローンと比較して貸出利率が低めで，さらに，元本の返済開始を猶予するグレースピリオドが付与されることも多い。これらのことは，属性的に比較的高い初期原価を押し下げることとなり，水力プロジェクトにとって経済・財務評価上の効果は大きい。

3) 総合技術としての足跡

　明治期に勃興した我が国の水力開発は，驚異的なスピードで欧米の水準に追いついた我が国の工業化に貢献するとともに，戦後の復興にも大きな力を発揮してきた。ハイダム技術をリードしてきたのも水力発電事業であり，福沢諭吉の女婿である桃介が木曽川に設けた大井ダムを嚆矢とし，追って，完成時点で東洋一を誇った庄川の小牧ダムも竣工を見ている。また，かつて，それぞれ総督府の置かれた朝鮮では，当時世界屈指の規模を擁するダムを伴う水豊発電所，台湾では，日月潭第一，第二発電所をはじめ幾多の大規模水力発電所が建設されたが，現在においてもそれぞれ重要なエネルギー供給基地となっている。発電所の建設には本体工事のみならず，長距離送電技術や新材料の開発，鉄道・道路の新設・付替え，およびこれらに伴う新工法の開発・導入等も積極的に取り組まれてきたが，このことが「総合技術」と呼ばれる所以である。

3-4-2. 地球環境への貢献

1) 電力の供給源としては，発電用燃料として「化石燃料」が用いられる火力発電が世界的にも主流であるが，水力の源は大気の循環によりもたらされる地表水であり，生産と消費のバランスは理想的なものである。また，その開発に伴って築造される貯水池は，極端な洪水と渇水に代表される河川の苛烈な状況を緩和して，産業・生活等に利用可能な利水量を増加させることが多く，他の利水を含む流域環境の改善に及ぼす効果は甚大である。

①水素飛行機(Hydrogen Aircraft)
②水素ロケット(Hydrogen Rocket)
③水素所蔵タンク(Hydrogen Storage Tank)
④エネルギー消費地(Energy Consumption Site)
⑤水素バス(Hydrogen Bus)
⑥水素燃焼発電所(Hydrogen-Combustion Power Station)
⑦水素輸送タンカー(Hydrogen Tanker)
⑧水素自動車(Hydrogen Vehicle)
⑨水素製造プラント(Hydrogen Production Plant)
⑩水力発電所(Hydropower Station)
⑪風力発電所(Wind Power Station)
⑫地熱発電所(Geothermal Power Station)
⑬太陽光発電所(Photovoltaic Power Station)
⑭エネルギー供給地(A Region Rich in Renewable Energy)

図-14　WE-NET の概念図

2) ケーススタディ

1-2，1-3 で述べた"水素社会"の実現に向けた取組に関して，「水素利用国際クリーンエネルギーシステム技術」（WE-NET）における水力発電の関わりについて論じる。

WE-NET（World Energy Network）はニューサンシャイン計画の一環として取り組まれたもので，—地球上に広くかつ豊富に存在する再生可能エネルギーを水素等の輸送可能な形に変換して，世界の需要地に輸送し，発電，輸送用燃料，都市ガス等の広範な分野で利用するネットワークの導入を可能なものとする—ことを目的に 1993 年に開始されたプロジェクトである。その概要は図-14 に示すとおりであり，水素の製造に関わるエネルギー源は「風力」，「地熱」，「太陽光」等の再生可能な自然エネルギーが考えられているが，ここでは「水力」に絞って考察する。

アジア，アフリカ地域等では大規模水力の適地は豊富に存在するものの，それに見合った需要が無いか，あるいは需要地まで遠距離であることなどから，採算

性に乏しいなどの理由で，開発プログラムに上程されないものが多い。そこで，水素製造のエネルギー源として，図中の⑩に示すような水力発電所を採用した場合の利点について次の事項を挙げることができる。

① エネルギーコストが格段に廉価である。
② 一部の電気をステップダウンして，近隣の集落等に配電することにより，単独では困難であった「地方電化」を実現できる。

また，水素製造エネルギー源の別に関わらず，WE-NET のメリットを整理すると次の通りである。

① 世界規模での温室効果ガスの低減
② 国際エネルギー需給状況の緩和
③ 船舶輸送に付随した備蓄効果

●展望
　研究開発段階の時点では，「水素」のみならず「メタノール」や「アンモニア」を媒体として用いた場合であっても，化学的な反応器・生成器等の効率が概して低いことから，プロジェクトの成立性を支配する水素製造に関わる電源単価として厳しい値が要求され，対応できる具体的地点を想定することは困難であった。近年では，材料や化学系の研究開発も進んでいることから，輸送手段も含むシステム全体をレビューするなど詳細に検討すれば，来るべき"水素社会"に呼応したプロジェクトが立案できる可能性は低くないものと考えられる。

参考文献
IEA/OECD，新エネルギー財団：技術ロードマップ　水力発電，2012.
経済産業省：エネルギー基本計画の概要，2014.
経済産業省：エネルギー関係技術開発ロードマップ，2014.
NEDO：水素利用国際クリーンエネルギーシステム技術（WE-NET）第 II 期研究開発.
新エネルギー財団，新エネルギー産業会議：平成 27 年度水力開発の促進に関する提言.

3章

低炭素社会の都市・交通システム

1 はじめに

　全排出量の約 20%を占める交通部門の低炭素化は，国際的に極めて重要な課題である。交通の CO_2 増加は，車を中心とした高炭素な交通需要の増加によるもので，これは経済成長に伴う都市の成長により生じるものである。多くの先進国都市では，その成長期に経済重視の政策がとられ，環境への意識が薄かったため高炭素な都市・交通システムが構築されてしまった。このような都市では，都市が成長した成熟期において，大幅な CO_2 排出削減が必要となり，その実現のために大きな労力を費やすことを強いられている。一方で，今後の CO_2 増加は，経済成長が著しいアジア開発途上国のような都市で主に生じることが予想され，その都市・交通システムの低炭素化がより重要となる。これに対し，都市の成長初期からリープフロッグ（カエル跳び）的に低炭素化を行うことが求められているが，経済重視の途上国においてその実現は容易ではない（図-1）。このため，国連気候変動枠組条約（UNFCCC）に代表される国際的組織が中心となって，先進国が途上国に CO_2 排出削減の事業への資金・技術援助を促す仕組みが構築されてきた。

　しかし，このような国際的な取り組みでは，交通部門の対策は他部門に比べ非常に遅れている。その代表例として，クリーン開発メカニズム（CDM）では，UNFCCC の基準に基づき途上国での事業による CO_2 削減量を先進国が購入する仕組みとなっているが，全事業における交通部門の事業の割合はたった 0.3%である [1]。これは，CDM では CO_2 削減量について正確に測定を行うことを重視しているため，交通需要により大きく変動する交通起源 CO_2 排出量は測定が難しく，交通需要の誘導を伴う都市開発や交通インフラ開発の事業が採択されにくいためである。

　一方で，近年進んでいる新たな国際的な取り組みの例として，国別緩和行動（NAMA）という仕組みでは，低炭素化だけでなく，それに伴い同時に発生する効果（Co-Benefit）を重視している。ここでは，CDMのような厳格なCO_2削減量の計測基準を定めず，各途上国が必要としている低炭素化に関連する政策を提示する仕組みとなっている。一般的に，途上国では環境の優先度が高いわけではないが，交通事業では経済・社会面での効果（Co-Benefit）が期待されるため，NAMA

3 低炭素社会の都市・交通システム

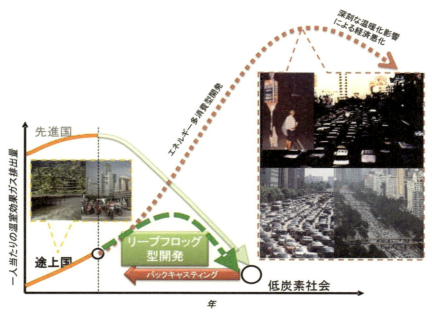

図-1 交通低炭素化のアプローチ

では交通部門の事業割合が19%と関心が高い（Hayashiら，2013）。この資金支援のメカニズムはCDMからNAMAを中心としたものへ移行しつつあり，先進国から途上国の低炭素交通事業を通した都市・交通システムへの投資の需要は今後より高まると予想される。

　国が発展途上にある段階では，そこで整備されるインフラ（道路・鉄道等の社会基盤施設）の構成が，将来の都市のかたちを支配する。そればかりか，インフラの運用に伴う CO_2 の排出や，維持管理に要するコストの規模をも支配する。そのため，ここで必要とされる土木技術としては，単に構造物を建設する技術のみでなく，将来の経済発展と都市のかたちを見越してインフラを構成するためのプラニング技術，すなわち土木計画が重要となる。

　土木計画分野の都市・交通計画の研究では，低炭素な都市・交通システムを実

現するために，途上国のような成長初期にある都市において必要な都市・交通整備を戦略的に提示するツールを構築している。従来のアプローチとしては，個別のインフラ整備を対象に，短期的な交通需要の変化の傾向に基づいて交通事業の交通需要予測を行い，CO_2削減効果を評価する手法（フォアキャスティング）が主に行われてきた。しかし，このような短期的な実現可能性を重視するアプローチは，長期的将来の低炭素な都市・交通システムを評価するには限界がある。特に，途上国では需要予測に必要な詳細データが不足していることに加え，急速な社会経済の変化に伴う交通需要の変化を現在のデータのみで加味することは難しい。これに対し，低炭素社会を長期的に実現しうる都市・交通システムの将来像（ビジョン）をまず提示し，そこに至るための施策実施の道筋（ロードマップ）を逆算して提案する手法（バックキャスティングアプローチ）がより求められている（Hickmanら，2011; 運輸政策研究機構，2011; 中村ら，2012）。このようなアプローチの特徴として，低炭素な都市・交通システムは現システムからの大胆な変化を伴うハードとソフトの両面の各種施策の段階的な組み合わせが重要となる点，またその実現には低炭素性だけでなく生活の質の向上への貢献性が求められる点が挙げられる。

　このような点を踏まえ，本章では，アジア途上国大都市の低炭素都市・交通システムの設計手法を提示し，どのようなシステムと実現施策が長期的に求められているか，またこれを評価するためにどのような手法があるかを紹介する。本章の構成として，経済成長著しいアジアの CO_2 排出構造の診断を行い，アジアの低炭素交通システム構築のための治療へと繋げる。まず，診断では，経済成長による都市構造と都市交通の変化と，それらが CO_2 排出構造に与える影響について一般的なメカニズムを把握し，アジア途上国大都市の現状について欠点（病状）を特定する。続いて，治療では，アジア途上国都市における低炭素交通システムの一般的なビジョンとその実現のための施策ロードマップを整理し，これらについて低炭素性に加え住民の価値観に基づいた生活の質指標を用いた評価の例を示す。本章で紹介する事例としてバンコクを主に扱うが，低炭素交通の診断手法，提示するビジョンの内容，実現施策ロードマップの評価手法は，他のアジア途上国都市にも適用可能なものとなっている。

2 経済成長による都市交通からの CO_2 排出構造の変化（診断）

交通におけるCO_2排出は交通需要の変化に大きく影響されるが，需要を決定する国土や都市の空間構成や交通システムの変化は長期的であるため，都市交通からのCO_2排出構造は，都市開発や交通整備について何をいつ行ってきたかという経路に依存するといえる（Nakamuraら，2013）。このため，経済成長による都市交通からのCO_2排出増加のプロセスは，都市構造や交通システムの変化を含めて，図-2のように示される。本節では，各プロセスの内容を実例を踏まえて整理し，経済成長による都市交通からのCO_2排出構造変化の診断手法を提示する。

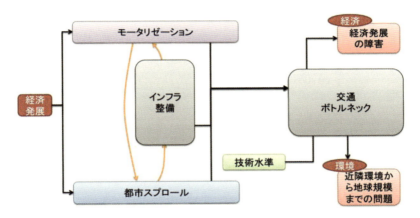

図-2 経済成長による都市交通からの CO_2 排出増加のメカニズム

2-1. 都市の発展と都市構造の変化

経済成長による都市交通におけるCO_2排出変化を理解するためには，まず都市の発展に伴う都市構造の変化を把握する必要がある。都市の発展段階は，地理学者Klaassen（1981）らが提示した都市人口の空間分布の変化のパターンに基づいて一般的に説明される。この発展段階は，都市化・郊外化・逆都市化・再都市化と分類され，各段階の特徴を都市圏全体・中心部・郊外それぞれの人口変化で表し

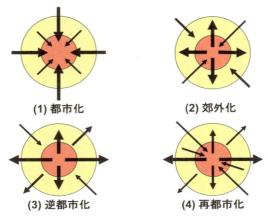

図-3 都市の発展段階による都市構造の変化

ている（図-3）。

　まず都市化の段階では，経済成長により，所得の低い農村部から高い都市へと人が移住して，都市の中心部に人口が集中していく。続いて，郊外化の段階では，都市全体の人口は増加し続けるものの，都市の中心部の過密化による環境悪化や産業立地の郊外化のため郊外居住の選好が高まり，中心部に対して郊外の人口が増加していくことで都市域が拡大する。そして，逆都市化の段階では，郊外化が進行することで，都市の中心部での産業が衰退し，中心部の人口流出を通して都市全体の人口が減少していく。最後に，再都市化の段階では，郊外化による都市の衰退を防ぐため，再開発等を通して中心部の人口減少を抑制することとなる。

　このような都市発展のプロセスについて，世界各都市の人口分布変化のデータで，都市化・郊外化・逆都市化の傾向を確認することができる（図-4）。例えば，19世紀末に世界で最も早く地下鉄を開通し都市が発展したロンドンでは，約80年かけて都市化・郊外化が進展した。ここで，発展時期の異なる都市の人口分布変化を比較すると，近年ではその発展プロセスの速度が高まっていることが分かる。戦後成長した東京や名古屋といった日本の大都市では，約15〜20年でこの発展段階が進んできる。さらに，近年発展しているバンコクや上海のようなアジア途上国大都市ではこの期間がより短くなっている。都市構造の変化は長期的で一

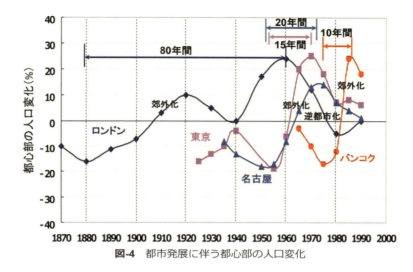

図-4 都市発展に伴う都心部の人口変化

旦開発されると元に戻りにくいため，このような都市発展の加速化は，交通を含めた都市発展により生ずる問題への取り組みの遅れを生じ，その問題がより深刻化してしまうのである。

2-2．郊外化とモータリゼーション

　都市化から郊外化への都市の発展期において，人口が郊外へと流出していく主な原因は自動車の普及（モータリゼーション）である。お金持ちになると自動車の保有や利用が増え，より長距離の移動が可能となるため郊外の居住者が増加する。このため，都市が郊外化するときに，土地利用をうまくコントロールしないと都市域の無秩序な拡散（都市スプロール）が起きる。これは，自動車の保有と利用を更に増加させ，加えて都市空間が広がり過ぎて，不必要に長い距離を自動車が移動するようになる。これにより，交通インフラの整備範囲は拡大し，整備コストが上昇する。また，低い土地保有税と甘い土地利用規制によって都市内部に低未利用の土地が増加すると，開発できる土地の供給が減少するだけでなく，土地の値段が不必要に上がって鉄道や道路の建設ができなくなり，交通サービスの供給がますます厳しくなる。そして，こうした中で鉄道がきちんと整備され運

行されないと，さらに多くの移動需要が自動車に移行するのである。このような悪循環を通して，モータリゼーションとスプロールは都市発展とともにより加速していき，道路交通の渋滞は悪化していく。

近年では，都市発展の速度が上がるにつれ，途上国都市における交通渋滞の深刻度も悪化している。その代表例として，1990年代中頃のバンコクでは，1日の平均通勤時間が往復8時間を超える人が約10%だったという報告もあり，筆者の一人も300m動くのに1時間半かかった経験がある。実際に1987～88年のデータを用いて，都市域の大きさが同等であった名古屋と道路の走行速度を比較すると，名古屋は21km/hに対して，バンコクは10km/hでしか走れなかった（Hayashi, 1996）。この要因として，急速なモータリゼーションに対する道路整備の不足が挙げられる。車一台あたりの道路延長は，名古屋の8.1mに対し，バンコクは3.9mと非常に小さいもので，インフラ整備が都市の発展に追いついていないことが分かる。

モータリゼーションの進行速度を時系列的につなげた普及カーブは，主に所得の上昇と鉄道と道路の整備経路の差で説明できる。一般的に，1人当たり所得が約2,000ドルを超えると，どの都市でも自動車の保有率が上昇し，経済発展が成熟期に入ると保有率が頭打ちになる傾向にある（図-5）。ただ，その普及カーブは

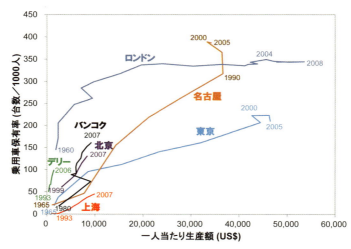

図-5 経済成長による自動車保有率の変化

都市によって異なり，鉄道整備が早期でサービスレベルが高い程，頭打ちした段階の保有率が低く抑えられる。都市発展初期から鉄道整備の進んでいる東京はかなり所得の低い段階で普及が止まり，そのまま頭打ちとなっている。一方で，道路整備が相対的により進められてきた名古屋は，東京と同じ所得水準でも自動車の普及度が高く推移し，保有率が頭打ちする時期も遅い。また，ロンドンは東京と同じくらいの線路延長があり，比較的早い段階で保有率が頭打ちとなっているが，その保有率は高い。これは，東京では，運行の定時性など鉄道サービスの質が高いので，所得が上がっても自動車の保有があまり増えなかったことが1つの要因に考えられる。

　しかし，多くのアジア開発途上国の大都市では，成長初期の短期的な渋滞解消策として道路整備を優先してきたため，モータリゼーションがより急速に進行している（図-6）。近年，都市鉄道を中心とした大量輸送機関の整備が進められているが，一度自動車依存型の開発が行われると自動車のみしか利用しない層（キャ

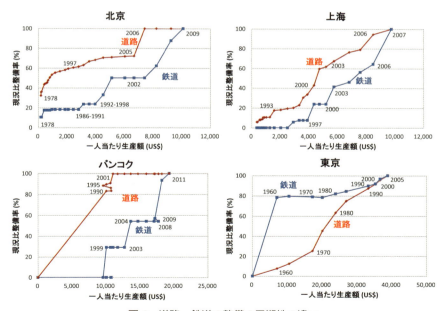

図-6　道路・鉄道の整備の早期性の違い

プティブ層）が増加し，大量輸送機関への転換が進まないため，この転換をどのように図るかが課題となっている。このようなモータリゼーションの進行度は交通渋滞に大きく影響し経済や環境に損害をもたらすため，経済成長は都市や交通の開発経路によって，幸福だけでなく不幸ももたらすこととなる。

2-3. 渋滞地獄から脱却できる交通インフラ整備

1990 年代のバンコクでは，大渋滞による非効率な経済活動を嫌って，多くの外資企業が工場を他の東南アジア諸国へ立地させたが，近年その解消が進みつつある。この大きな要因として，都市の発展期における都市高速道路・環状高速道路・都市鉄道といった交通インフラの整備が重要であったと考えられる。まず，高速道路整備は，物が輸送される物流と人が移動する人流の両方の効率化に貢献した。元々，バンコクの主要な工場は，北部近郊のドンムアン空港周辺に立地し，バンコクの物流拠点は都心部に近接するバンコク港であったため，これが人流に加え物流を都心に集中させ，深刻な渋滞を引き起こす大きな要因となっていた。これに対し，1991 年にバンコクの都心から約 100km 南東部に位置するレムチャバンに，新たに大規模な湾を開港し国際物流拠点の機能をバンコク港から移転したが，バンコク市街地を通る物流はさらに増大する結果となった。そこで，2000 年代になって，バンコク北部郊外の工業団地とレムチャバン港を結ぶ物流に対して郊外の環状方向の高速道路が，郊外から都心へと移動する人流に対して都市高速道路が整備され，物流と人流を分けることで交通が円滑になった。このような高速道路整備は，途上国の経済成長を大きく支えるものであって，その後の成長期に国際企業がバンコクに進出することを可能としたと言える。

一方で，都心への人流による渋滞は，都市高速道路だけでは十分に緩和されず，都市鉄道のような軌道系の公共交通が必要となる。バンコクでは 1990 年代末に，日本国際協力機構（JICA）の鉄道・都市開発一体化プロジェクトで出されたネットワーク案（1994）に沿って，バンコク都がスカイトレインという軌道系交通を大渋滞を引き起こしていた目抜き通りであるスクンビット通りに導入する提案をした。ここでは，大渋滞している道路上に高架で鉄道を通すことで，車線減少によりさらに渋滞が悪化することが懸念され，自動車利用者である政治家も含めた高所得層から大反対があった。しかし，バンコク都知事のリーダーシップと，

首相直属の陸上交通協議会の努力等によって，スカイトレインの整備は実現することができ，それまで車で1時間半かかっていた移動が，15分で行かれるようになったとの声も聞かれるようになった。

　スカイトレインの利用が普及してきた要因は，移動時間の短縮だけでなく，鉄道システムの品質を上げたという点にもある。バンコクでは，従来の国営鉄道のイメージから，鉄道は汚くて低いクラスの人が乗るものだという意識が定着していた。この意識を変えるため，スカイトレインの運賃を高めの30バーツに設定し，車内も駅もとても清潔な環境を提供することが意図された。結果として，スカイトレインは，比較的高所得の層の人たちも多く乗車しており，自動車から鉄道に転換させる可能性を示すことができた。米国の住宅政策では，想定される居住者の1つ上の所得層に相当する住宅を供給すると，その人たちがそれまで居住していた住宅が空き，そこに1つ下の所得層の人が入ってくるので，全体として豊かになるというフィルタリング理論が適用されてきた。バンコクでは，これを交通で実現したのである。これによって道路の大ボトルネックが解消されて，交通が動くようになり，ビジネスができるようになった。当時バンコクでは，交通事情が悪いために1日に1回しか会議を開けなかったのだが，交通の改善によってこうした事態も変わり，経済全体が底上げされて低所得層も豊かになっていくという，大きな正のスパイラルにつながったと解釈できるのではないか。

　スカイトレインによって，都市における鉄道の効果がバンコクでも広く理解され，都市の交通インフラ整備が道路整備から鉄道整備へと大きく転換してきている。バンコクの大規模な軌道系交通の交通網を具体的に提示した1996年のJICAレポートの考え方が受け継がれ，スカイトレインに加え地下鉄や空港直結のエアポートリンクまで整備され，その都市鉄道の総路線延長は現在概ね80kmほどとなっている。さらに，当局は2030年頃までに500kmに拡張する計画を持っており（図-7），スカイトレインの成功で自信を持ち始めている。

　こうした鉄道の効果はもっと理解される必要があり，バンコクに続いて成長期にある多くの途上国都市に重要な知見となるものである。多くの途上国は，日本の政府開発援助（ODA）等の支援を要請する際，道路の渋滞を解消したくて道路の供給量を増やそうとする。しかしそれよりも，鉄道輸送の能力を上げて道路交通需要の一部を鉄道に吸収させた方が，道路の所要時間は短縮される。この傾向

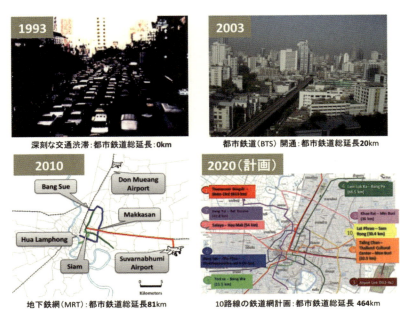

図-7 バンコクにおける交通インフラ整備

は，所得が上昇して自動車保有が容易な段階になるほど強くなる。これらのことから，都市交通インフラの軸となる高速道路や鉄道を早期に整備するとともに，それぞれの整備のバランスを検討することが重要となることが分かるであろう。

2-4. 交通インフラ整備と都市開発の組み合わせ

鉄道整備の有効性をより向上させるためには，都市開発と組みわせることも求められる。モータリゼーションの進行は都市スプロールを促進して，広域にわたるインフラ整備と維持管理が必要となる。そのため，都市構造をコンパクトにし人口密度を高めることで，公共交通の運用に必要な需要を確保することが期待されるが，単純に都心部に人口を増やすことが有効であるとは限らず，鉄道沿線にどれだけ人口を集中できるかがより重要である。例えば，東京とソウルを比較すると，ソウルの方が郊外部に対する都心部の人口比率が高くコンパクトで地下鉄

3 低炭素社会の都市・交通システム

表-1 東京とソウルにおける都市域・人口・鉄道延長・自動車平均速度の比較

	東京23区（2007）	ソウル（2004）
都市域面積 (km²)	615 (8,677)	606 (1,943)
人口 (百万人)	8.3 (35.2)	9.9 (19.9)
都市鉄道延長 (km)	292 (2,313)	338 (476)
自動車平均走行速度 (km/h)	18.8	13.6

＊括弧内は周辺郊外部を含めた大都市圏のデータ

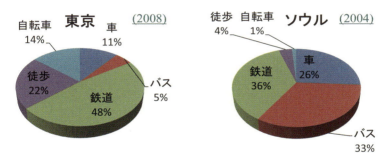

図-8 東京（23区）とソウルの都心部の交通機関分担率

路線の密度は高いが，渋滞状況を示す自動車の平均速度は東京の方が高くなっている（表-1）。これは，東京は非常に広大な郊外鉄道の路線網を持っており，郊外からの都心への鉄道利用比率が圧倒的に高いためと考えられる（図-8）。都市のスプロールが進むにつれ郊外から都心への交通需要は大きくなるため，この移動が自動車で行われるか鉄道で行われるかは都心の渋滞状況に大きく影響する。このような郊外鉄道網とその鉄道沿線開発は，東京が世界でも高い鉄道利用を実現している理由の1つであり，都市の発展期において郊外をどのように開発するかは途上国都市にも大きな課題となるといえる。

この他にも，カールスルーエ（ドイツ），シンガポールのトラム（路面電車），クリチバ（ブラジル）のバスシステムなど，世界には郊外開発と連携した軌道系交通システムの事例がある。カールスルーエでは都心を走るトラム（路面電車）の車両が幹線鉄道に乗って郊外へ出て，その後により端末の支線に入るといったかたちで，郊外から都心へ乗り換えなしで移動できる。ドイツでは郊外に所得階層の高い人が住む傾向があるが，このような郊外の端末交通の改善によって，車で都心へ通勤していた人が鉄道を利用するようになっており，高齢者の郊外での社会活動も便利になっていると考えられる。

　クリチバは，幹線道路の真ん中をバスの専用道とする都市のバス高速輸送システム（BRT: Bus Rapid Transit）と土地利用の規制をセットで30年以上前に導入した先進事例でもある。この土地利用規制では，幹線バスの通る幹線道路の周辺だけ高い容積率にして高層開発を許すようにしたので，都心から郊外に向けてバス路線沿線に放射状の高層開発の軸が形成されている。このような開発を，公共交通指向型開発（TOD: Transit Oriented Development）という。BRTでは，バス車両の高速化と大容量化に加え，路線網を都市全体に広げ，地下鉄に匹敵する輸送力を実現している。南米都市では郊外に低所得層がより居住する傾向があるため，クリチバでも幹線交通に連結した端末交通として小型循環バスを無料で走らせている。

　また，シンガポールでは，都市鉄道の幹線（MRT: Mass Rapid Transit）を郊外に延伸するため，郊外駅に小型の高架鉄道（LRT: Light Rail Transit）の支線がループ状に形成されている。これは，郊外の住宅団地などからLRTで移動してくると，スムースにMRTに乗り換えて都心に行くことができるようになっている。また，郊外駅周辺内での車を利用しないカーフリー移動も可能とする。日本の大都市では，高齢化に伴い郊外の中での移動需要が増えることが予想されるが，そのための郊外の開発形態として参考になる事例であろう。

2-5. 都市交通からのCO₂排出構造の診断方法

　都市交通からのCO_2排出量を決定する要素は，どのくらい移動するか（交通需要），どの交通機関を使うか（交通機関の分担），各交通機関はどのくらいのエネルギーを使っているか（交通機関のエネルギー消費効率）の3つに分類される。

3 低炭素社会の都市・交通システム

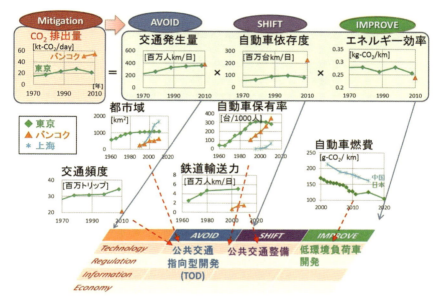

図-9 バンコクと東京の交通における CO_2 排出構造の比較

　低炭素交通の戦略も同様な整理がされており，不必要な交通需要の抑制（AVOID），低炭素な交通モードへの利用転換（SHIFT），交通エネルギー消費効率の改善（IMPROVE）に大きく分けられる（Dalkman, 2007; 中村ら, 2004）。モータリゼーションや都市スプロールといった長期的な都市・交通システムの変化は，AVOIDやSHIFTに相当するもので，これらによるCO_2排出の長期的な変化を把握することが重要となる。長期的な都市・交通システムの変化のデータは先進国都市においては比較的利用可能であるが，データの限られた途上国都市においても，低炭素交通実現に向けた現状診断を簡易に行うことが必要となる。そこで，前節までで示したようなモータリゼーションや都市スプロールに関連する主な指標を用いてCO_2排出の全体構造を示すと，どの要因がCO_2排出により影響しているかが分かるようになる（図-9）。さらに，それぞれの要因がどの政策にどの程度影響を受けるかについて関係づけることで，CO_2削減にどの政策が有効かを検討することもできる（中村ら, 2004）。

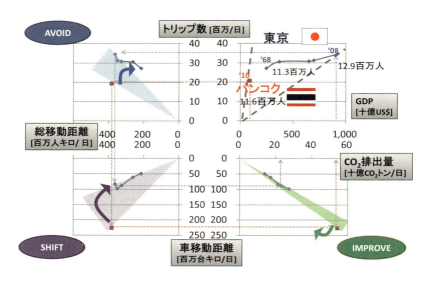

図-10 都市内交通起源 CO_2 排出構造の四象限図

　低炭素交通の各戦略の達成度により注目して診断するために，図-9の上部分の図に注目し，1）経済成長に伴う生産・消費需要の増加，2）生産・消費需要増に対する移動需要の増加，3）移動需要増に対する CO_2 排出量の多い自動車利用需要の増加，4）自動車需要増に対する交通起源 CO_2 排出量の増加の関係を，四象限の図で示してみる（図-10）。それぞれの象限における，2）生産・消費需要量に対する移動距離，3）移動距離に対する自動車走行距離，4）自動車走行距離に対する交通起源 CO_2 排出量の傾きから，AVOID・SHIFT・IMPROVE それぞれの重要度を把握することができ，様々な交通に対して適用できる（林，2014）。

　都市内交通における CO_2 排出構造は，経済レベル（GDP），移動回数（トリップ数），移動距離（トリップ人キロ），自動車移動距離（自動車走行台キロ），都市交通起源 CO_2 排出量といった指標で表すことができる。これらのデータの多くは，各都市で一般的に行われる行動調査や統計等の既存のデータベースから収集できるものである。移動距離については，全ての交通機関の情報が同様に整備される訳ではないが，各種の情報を組み合わせることで推計することができる。さ

らに，これらは交通の動向を示す最も一般的な指標であるため，途上国大都市でも個別調査等から推計することが可能である。

この手法を用いて，アジア途上国大都市で発展中期にあるバンコクと，人口レベルが同規模のアジア先進国都市の東京において，それぞれの CO_2 排出構造の特徴を比較分析してみる。バンコク大都市圏と東京都のデータを用いて四象限の図を描いた結果，トリップ当たりの移動距離と移動距離当たりの自動車移動距離がバンコクで大きいことが示される。また，バンコクの GDP はまだ東京の 1/10 程度であるにも関わらず，移動距離と車移動距離はほぼ同等で，CO_2 排出量は約 2.5 倍と，非常に高炭素な都市交通システムになっていることも分かる。一方で，自動車移動距離に対する CO_2 排出量は，バンコクと東京は同程度である。これは，乗用車に比べエネルギー効率が高い二輪車利用がバンコクでより高いことに起因すると考えられるが，今後のモータリゼーションの進行により，乗用車への転換が進み，交通エネルギー消費の効率も悪化することも予想される。

3 低炭素都市・交通システムの将来ビジョン（治療方針）

CO_2 排出構造の診断から分かるように，アジア途上国大都市における都市・交通システムの将来ビジョンは，都市域の拡大と乗用車利用の増大を抑制するものであることが重要である。このため，本節では，アジア途上国大都市に対してより一般的な将来ビジョンを整理してみる。将来ビジョンとは，現状と想定される将来変化を踏まえて目指すべき長期的将来の都市像を示すものであり，社会的背景に関する理念的な社会ビジョンと，それを支える物理的なインフラのビジョンとに分けられる（中村ら，2012）。

3-1. 社会ビジョン

アジア途上国では，2050 年までに 1 人当たり GDP は数倍に増加していくが，2030 年頃から高齢化による人口減少が顕著になると予測されている（United Nations，2012）。この背景を踏まえ，経済的な効率性を追求した積極的な成長を

| 95

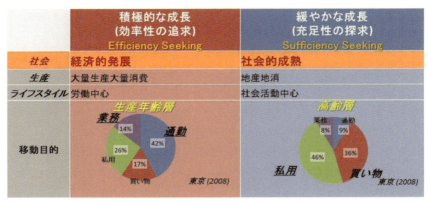

図-11 将来のライフスタイルの変化

遂げる発展初期から，徐々に社会的な充足性を探求する緩やかな成長を目指す発展成熟期へと向かうことが想定される（図-11）。これは，生産スタイルとしては大量生産・消費から地産地消へ，ライフスタイルとして労働重視から社会活動重視へと産業構造や価値観が変化することを意味する。交通においては，生産年類層と高齢層の交通目的の違いに見られるように，通勤交通から多様な私用交通が増加していくことが考えられる。

このようなライフスタイルの変化に伴い，交通機関や居住形態に関する価値観も変化することは考えられる。具体的なライフスタイルの将来変化の想定は困難だが，生活の質（QOL: Quality of Life）関する分析では，価値観は欲求の段階に応じて変化する傾向が見られ，これは都市の発展段階とも関係するとされている（土井ら，2006）。現在の途上国大都市の住民の所得層や年齢層別の価値観の違いは大きいと考えられるため，これらの価値観の違いを比較することが，その将来変化の傾向を想定する1つの方法として挙げられる。

3-2．都市・交通システムのビジョン（都市圏）

このような社会像の想定から，将来の都市・交通システムに求められるものは，従来のまとまった需要に追随するような大量生産の空間設計から，多様な需要に対応する高品質な空間設計へと転換することであろう。確かに，数十年単位での

自動車の車両技術の進展は，低炭素化をはじめとした環境面の改善に大きく貢献することが期待される。しかし，将来の深刻な気候変動を防ぐための許容範囲とされる CO_2 削減目標の達成は，技術革新のみでは難しいともされている。また，環境面以外についても，急速なモータリゼーション・都市スプロールは，自動車依存社会を形成することにより，過度な渋滞を発生させ移動のコストを高めるだけでなく，高齢者にとって移動そのものが困難になるため，将来の高齢化社会における移動の可能性（モビリティ）の確保をより難しくする。経済成長初期にモビリティの改善が経済成長を大きく支えたように，成熟期においても社会生活でモビリティは重要である。

このため，アジア途上国大都市の人流については，交通機関の転換（SHIFT）を軸とし，都市内の公共交通システムを整備・改善することが必要となる。これらは，移動を公共交通沿線の都市拠点に集約することでAVOIDの実現に繋がるため，沿線開発軸の形成との組み合わせが求められる（Nakamuraら，2013）。このような公共交通システムは，将来の移動需要の多様化に適用するため，ハード面では長期的に利用可能であり，ソフト面でその利用形態を柔軟に変更できるような，高質な都市インフラのストックとして構築することが重要である。

ここでハード面では，大量輸送機関のインフラは一度整備すると変更が難しいので，早期に適切な輸送力のシステムを整備することが必要となる。都市鉄道の整備を可能にするにはある程度の経済レベルや人口規模が必要となるが（JICA，2011），モータリゼーションが進むアジア途上国では鉄道整備が可能であるにも関わらず遅れている大都市も多く，東京のようにより早期に整備を行うことで鉄道利用を習慣づけることが求められる（伊藤ら，2014）。また，アジア途上国都市の鉄道の新規整備では，少数路線で小型車両用の軌道・駅施設といった限定的な整備に止まる傾向にあるため，輸送力の異なる鉄道・LRT・BRTといった各輸送システムの有効性を，現在だけでなく将来の都市成長による輸送需要の変化も踏まえて判断しなくてはならない。

さらにソフト面では，アジア途上国で普及している公共交通サービスは，地区単位から都市全体といった運行規模，オンデマンド型や路線型といった運行形態，二輪車からバスといった運行車両のように，様々な形態が存在する。小規模なサービス事業は経済成長により衰退するものもあるかもしれないが，MRT の幹線

図-12　都市内交通システムのビジョン

路線にアクセスするための支線を担うコミュニティベースの端末交通サービスとして活用することで，公共交通の路線網を拡大するだけでなく，より柔軟に交通需要の変化に対応することも可能となる。これらを踏まえ，アジアの低炭素都市・交通システムのビジョンとして，技術革新に加え高性能な MRT が端末交通と階層的に連携することで，サービス空白地域の無いシームレスな公共交通システムを形成し，その拠点駅周辺に都市中心機能を多極的に展開をしていくことが必要であろう（図-12）。

3-3．都市・交通システムのビジョン（地区）

　都市圏スケールの都市・交通システムのビジョンのみでは，アジア途上国大都市での実現は容易ではない。これを支える地区スケールのビジョンとして，都心，近郊（都心地区の外縁部），郊外（市街化された都市域の辺縁部）それぞれで，駅前開発の質を検討する必要もある。

　道路優先整備によるモータリゼーション進行により都市域が拡散したアジア途上国大都市では，車利用が習慣化しているだけでなく，既存市街地に駅が設置

されるため，計画的な公共交通路線の沿線開発（TOD）を実施することが困難となっている。一方で，民間の開発では，都心の MRT 駅周辺に個別の高層開発が進んでいる箇所も見られる。このような開発は，閉鎖的な区画内での中・高級住宅開発（Gated 開発）で，中所得以上の層の居住を増やしているが，車依存の高所得層も多く居住する傾向にあり（Sanit ら，2014），駅前開発が MRT 普及に繋がらないという問題が生じている。このため，比較的地価の安く新規開発が可能な都心の駅間の地区や郊外においては，MRT を利用する中・低所得層を対象とした TOD の促進と端末交通の充実により，MRT の普及を促進することがいいのではないか。また，車依存の高い郊外地区では，郊外と都心を結ぶ鉄道を高速化し，駅と居住地区を自動車・自転車・電動オートバイ等のシェアリングシステムを活用した端末交通で結ぶ，といったことも考えられるであろう。

さらに，軌道系交通を軸とした都市への変革をより確実なものにするためには，都心側での徹底した歩行者優先を公共交通政策に連携させることも，リープフロッグなアプローチとして重要である。都心では駅が多く各駅への距離が短くなるため，より大胆に車を排除し徒歩圏での活動を中心とするカーフリーエリアを形成することも不可能ではない。このような全く新しいビジョンを目指すことで，MRT の魅力だけでなく，駅前の居住環境の魅力も改善することが期待される。都心歩行空間化は，短期的には周辺道路の混雑悪化を招き地元住民のアクセスを悪化させるという懸念から実現は難しいかもしれないが，長期的なライフスタイルや交通行動の転換を促すようなインパクトをもたらすオプションの検討には，より自由な発想も求められる。

4 低炭素都市・交通システムの実現方策（処方箋）

低炭素都市・交通システムの将来ビジョンの実現には，処方箋となる方策が必要である。これについて，アジア途上国都市を対象とした戦略について，（1）コンパクトで階層的な中心機能配置，（2）シームレスな階層交通システムの構築，（3）自動車の低炭素化の 3 つの概念で整理してみる（表-2，表-3，表-4）。各戦略

の方策は，主に実施順に列挙しており，実現のためのロードマップの案として見てもらいたい。

4-1. コンパクトで階層的な中心機能配置（AVOID 戦略）

表-2 AVOID 戦略の方策

1　コンパクトで階層的な中心機能配置
1.1　公共交通幹線軸上の産業拠点開発の促進
1.1.1　統合的な都市地域計画と交通計画の策定
1.1.2　Value Capture による駅周辺開発促進
1.1.3　駅周辺における非車保有者への立地税優遇
1.2　都心部での乗用車利用の排除
1.2.1　乗用車利用規制
1.2.2　スローモード空間整備
1.2.3　コミュニティ施設整備

　公共交通幹線軸上の産業拠点開発の促進：経済成長下において交通需要そのものを抑制することは難しいが，交通目的別の移動距離を抑制可能な土地利用交通システムを構築することは可能かもしれない。都市の発展により増加する産業活動を，無秩序なスプロール開発により分散させると，移動距離の増大だけでなく産業集積効果が上がらず，逆に周辺都市との競合から衰退してしまうこともある。一方で郊外でも，製造業といった産業は，高速道路・都市間鉄道・都市公共交通等の交通結節点周辺に集積することは可能であろう。このような産業開発と住宅開発を都市の公共交通駅周辺で一体的に行う TOD は，職住近接を促し近距離移動で完結できる拠点の開発に繋がる。このような産業拠点の TOD を行うためには，多くの都市で個別に策定されている地域計画・都市計画と交通計画を統合する必要がある。また，近距離完結な活動に必要となる高密度な開発を進めるために，開発コストの安い発展初期段階で開発を行い，開発による地価上昇の利益を更なる開発に還元する手法（Value Capture）が有効となる。都市スプロールが進行するにつれ，都心部から近郊・郊外部へとこの手法を適用することで，開発が

促進される。そして，この開発を車利用抑制に繋げるため，駅周辺における非車保有者への立地税優遇も考えられる。

都心部での乗用車利用の排除：より大胆なアプローチとして，都心部から乗用車利用を排除することも重要であろう。鉄道整備といった大規模なインフラ整備は，財政的にも必ずしも実現可能とはならない。都心部で乗用車を排除し，徒歩・自転車のような低速な交通手段（スローモード）を中心とした都心部内のモビリティを高めることで，必要な公共交通整備の規模を抑制できる。このためにまず，都心部における駐車場開発や駐車場利用について規制を行うことで，都心部への乗用車利用の流入を抑制する必要がある。そして，都心部における乗用車の走行そのものを規制し，居住者の乗用車利用を含めて排除していくことで大きな効果が期待できる。これに応じて，既存の道路空間の再配分を行い，従来優先されてきた自家用利用の道路空間を，スローモードの空間へと転換していく。加えて，高齢者や低所得者が都市スプロールにより健康・教育といったサービスへのアクセスが低下することを防ぐため，複数の都市拠点においてコミュニティ施設の整備も必要となる。

4-2. シームレスな階層交通システムの構築（SHIFT 戦略）

表-3 SHIFT 戦略の方策

2　シームレスな階層交通システムの構築
2.1　新規幹線公共交通網の先行整備
2.1.1　高速・大容量輸送が可能な鉄道・BRT 整備
2.1.2　拠点間を結ぶ放射環状幹線公共交通網の形成
2.2　既存端末交通システムの改善
2.2.1　公共交通の幹線・端末サービス分離
2.2.2　小地区内巡回交通サービスの強化
2.2.3　小型パーソナルモビリティシェアの促進
2.3　統合的な公共交通システム運営
2.3.1　パラトランジット運営システムの再構築
2.3.2　ICT 活用の運輸事業者運営効率化・現代化

新規幹線公共交通網の先行整備：都市交通計画では，増大する交通需要が車依存にならないために，より低炭素な公共交通へ転換することが求められる。都市内の産業集積に伴う通勤・業務・観光といった新規の交通需要に対して，早期に公共交通利用を習慣づけるため，先行的に都市公共交通幹線網の新規整備を行うことが重要となる。都市公共交通網が都市間鉄道駅を含めた都市内拠点間を結ぶことで，都市間と都市内の公共交通利便性が高まり，その相乗効果を通して更なる公共交通需要の増加へと繋がる。途上国の都市では，短期的な財政制約のため小容量な輸送システムの整備になりがちだが，将来的な需要増加を見込んで高速化・大容量輸送が可能な鉄道やBRTといったインフラを，発展初期段階で導入することは重要である。また，都心への通勤交通のための放射状網だけでなく，高齢化による増加が見込まれる都心以外への非通勤の需要に対応した環状網の構築も重要である。

既存端末交通システムの改善：幹線システムの利用を促進するためには，その駅への端末輸送が重要で，多様なサービス形態や車両形態を持つ既存の交通モードを利用した端末交通システムの改善が必要である。具体的には，まず，バス・ミニバス・タクシー・バイクタクシー等の幹線・端末サービス分離することで，都心部での公共交通サービスの過剰な供給による渋滞を抑制する。また，小地区内の循環交通サービスを強化し，今後交通需要が増える低所得者や高齢者に公共交通利用を習慣づけ，公共交通の需要をさらに促進する。近距離の移動容易性の高い電動の小型車両（パーソナルモビリティ）も高齢者のモビリティを支える上で有効であり，そのシェアサービスを充実させることで，シームレスな交通が可能となる。

統合的な公共交通システムの運営：公共交通機関の利便性をさらに高めるために，幹線・端末交通に含まれる様々な公共交通機関を，統合的に運営するシステムを構築することも有効である。まず，経済成長により個人事業者が廃業にならないよう，コミュニティを中心とする輸送サービスの役割を強化し，運営が維持できるよう組織体系を再構築する。そして，ICT技術の活用を通じて，交通モード間で一体的な運賃管理や，時間変化する需要に応じた運行管理を行い，乗り換え抵抗の低い公共交通システムを構築し運営を効率化する。

4-3. 自動車の低炭素化（IMPROVE 戦略）

表-4 IMPROVE 戦略の方策

3　自動車の低炭素化
3．1　都市内物流システムの効率化
3．1．1　郊外における物流拠点の整備
3．1．2　物流拠点に接続する都市高速道路網の構築
3．2　車両の技術改善
3．2．1　小型 EV（二輪・ミニバス・配送車）の普及
3．2．2　CNG バス・EV・ディーゼル HV ・FCV の普及
3．3　代替エネルギーの利用促進
3．3．1　バイオ燃料の普及
3．3．2　スマートグリッドの構築

　都市内物流システムの効率化：自動車の消費エネルギー効率の改善は，車両や燃料の技術改善だけでなく，道路交通流の効率化によっても実現する。特に，都市間物流の端末としても必要な都市内物流は道路交通を中心とするため，都市内における物流システムの効率化が重要である。都市の郊外における製造業等の産業集積地区に都市内への集配施設のターミナルを設置した物流拠点を整備し，これを放射環状の都市高速道路網と接続することで，都市内における物流交通の効率化を図る。

　車両の技術改善：大都市と異なり，地方都市のような人口密度が低く公共交通需要が十分にない地域では公共交通整備が非効率であるため，車両の技術改善を通じて自動車のエネルギー効率を上げる方が有効となる。車両技術の改善としては，EV（電気自動車）の技術開発は小型車でより進んでおり，二輪・ミニバス・配送者を中心にその普及を促進することが可能である。低炭素な大型車の技術開発はより時間を要するが，CNG（天然ガス）バス・EV・ディーゼル HV（ハイブリッド）・FCV（燃料電池自動車）は，2050 年までにはその普及が見込まれるであろう。ただし，こうした新技術の導入の実現のためには，先進国からの技術的な支援が不可欠である。

代替エネルギーの利用促進：バイオエネルギーなど温暖化に寄与しない代替エネルギーの利用促進・普及も考えなくてはいけない。EV の低炭素性はその発電の低炭素性によるものであり，石炭を中心とした高炭素なエネルギーで発電を行っている国では，EV 利用の低炭素性が必ずしも高いとは言えない。地産地消のバイオ燃料はアジア途上国都市でもその潜在的な利用可能性が高い。EV の普及のためには，電気スタンドといったインフラ整備が必要不可欠であるとともに，再生可能エネルギーを活用した発電設備の整備が有効であり，これらを都市・地区レベルで効率的に管理するスマートグリッドの構築の進展も期待される。

5　低炭素都市・交通政策の有効性（効果検証）

　実際に低炭素都市・交通システムの実現方策のロードマップを提示する 1 つの方法として，生活の質を用いた評価モデルがある。都市・交通分野の従来の評価モデルでは，交通需要を決定する要素として時間やコストのみに注目し，交通行動に得供する多様な要因への選好があまり考慮されてこなかった。そこで，本節では，都市・交通システムに対する価値観を考慮した生活の質の分析と，それを用いた将来交通需要と CO_2 排出量を推計する評価について，バンコクを対象に行った分析を紹介する。

5-1．生活の質の分析
　低炭素交通システムの利用を普及させるためには，低炭素だけでなく，その利用によって生活の質（QOL）を上げるものでなければいけない。都市・交通システムの利用に関する QOL として，居住環境と交通機関の質の様々な構成要素の指標と，それらに対する住民の価値観を反映した重要度を掛け合わせて算出される QOL 指標が開発されている（藤田ら，2013a；藤田ら，2013b；戸川ら，2012）。このような指標を用いることで，車利用と鉄道利用から得られる生活の質の違いを比較し，鉄道利用普及に求められる鉄道システムや駅周辺の居住環境の質の改善の効果について検討することが可能となる。

104

3 低炭素社会の都市・交通システム

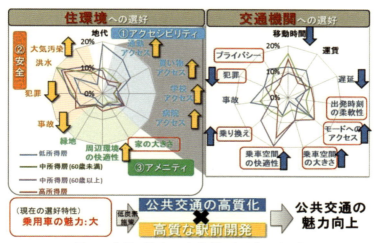

図-13 生活の質（QOL）指標の各要素の重要度

　バンコクで街頭アンケート調査を行い，居住環境と交通機関の重要度を推計した結果を図-13 に示す。交通機関への価値観については，低所得層は移動コストと安全性，中所得層は移動時間，高・中所得高齢層では移動の快適性をそれぞれ重視していることが分かる。これは，高所得層や高齢者層が所得や年齢に伴いモビリティの欲求段階を高めていく中で，移動快適性の高い乗用車利用をより選好するようになるという傾向を反映している。一方で，交通渋滞の影響が少なく事故率も低い鉄道利用は，移動時間と安全性において利点があり，中・低所得層にとってより魅力的であることも示されている。ただし，これは駅周辺間の移動を行う場合であって，バンコクでもまだ鉄道路線が限定的でネットワークとして十分に整備・機能しておらず，端末交通として利用される2輪タクシー等も十分に安全とはいえない。これらのことから，端末交通の安全性を高め，これを鉄道システムと統合することで利便性をより高めていくことが求められていることが分かる。

　また，居住環境への価値観については，全体的に居住の安全性を重視している中，低所得層は居住コストとアクセス性を重視しているのに対し，高所得層は居住の快適性を重視していることが示された。乗用車利用の選好が高い高所得層は，

郊外の大きい家に居住するライフスタイルを好むことを表していると考えられる。一方で、低所得層は乗用車保有率が低いため公共交通へのアクセス性が重要となるが、都市鉄道の駅周辺駅は高級な開発による車利用を中心とした高所得層の居住が増えているため、鉄道駅周辺に鉄道利用を選好する居住者を増やす開発を行うことが重要となる。これらのことから、駅前の高所得層の多い居住地区では、快適性の高い高質な居住空間を整備すると同時に駐車場開発規制といった車利用の規制を行い、その周辺の中・低所得層の多い居住地区では安全性・利便性の高い端末交通システムを整備するといった案が有郊であることが分かる。このように、高質な駅前開発や端末交通サービスは鉄道整備において不可欠であり、駅周辺居住による鉄道利用を中心とする新たなライフスタイルをより幅広い層に提供することが求められているといえる。

5-2. ロードマップ評価

　QOL指標は、居住環境や交通環境の質が交通行動に与える影響や、長期的な高所得者や高齢者の増加による全体の平均的な価値観の変化に伴う交通行動の変化を表現することができる。交通インフラ整備と土地開発による交通需要の空間分布の変化を推計するシミュレーション（土地利用交通モデル）にQOL指標を組み込んで、低炭素都市・交通システムのビジョン実現のロードマップを評価する例を紹介する。長期的将来について予測できる部分は限られているため、この評価では、将来社会経済変化（藤森ら、2011）、乗用車保有率変化、車両技術進歩化（中村ら、2012）については、シナリオを設定している（Nakamuraら、2013）。このような評価モデルは多くのデータを必要とするが、データが十分に整備されていないアジア途上国でこれを適用するにはまだ多くの課題がある。そこで、限られたデータで構築できるより単純な初期の土地利用モデルが（中村ら、1983）、再び有用なものになるのである。

　この評価モデルでは、居住環境や交通機関の質の変化による属性別のQOL指標の変化を推計し、これにより居住立地選択・交通手段選択行動が決定するようモデル化されている。しかし、QOLは潜在的な選好を示すもので、行動の制約や習慣は表現できない（Schneider, 2013）。このため、例えば乗用車保有が交通行動に与える影響も考慮する必要がある（Sanitら、2014）。バンコクの調査では、低

所得層の世帯車保有率は 15%であるのに対し，高所得層は 80%と，各属性で大きく差が見られ，これが各属性の車利用に大きく反映していることが分かった。このように構築したモデルの妥当性を確認するため，利用可能なデータ（OTP Thailand, 2007）を用いて現況の再現も行っている。

　社会経済シナリオについては，バンコクでは，60 歳以上の高齢層は 2005 年の10%から，2050 年には 45%になるとされている。また，低所得層と高所得層の割合は 2005 年にそれぞれ 51%，4%となっているが，現在の変化傾向からすると，2050 年にはそれぞれ 19%，27%まで変化してもおかしくない。トリップ数についても，バンコクの調査データと日本のデータを比較すると，非通勤の私用交通が増えていくであろう。一方で，居住立地選択の要因で重要な居住コストである土地代は QOL の向上と共に上昇すると考えられるが，これは QOL 指標と関連付けモデル化することができる（林ら，1988）。

　整備シナリオについては，バンコクでは約 500km の都市鉄道網の整備を早期に行う鉄道優先整備シナリオがある。この整備効果は，鉄道整備が実現しないと投資額（World Bank, 2007; Office of Transport and Raffic Policy and Planning, 2010）は道路整備のみに投入されるという極端な道路優先整備シナリオと比較することで特定することができる。道路整備は，道路容量を拡大することで渋滞を解消する（IMPROVE）ことを期待するが，道路交通の誘発需要を発生させることでその効果は低下してしまう。一方で，鉄道整備は，道路交通の需要を鉄道へと転換（SHIFT）することで，道路需要そのものを削減することができ，渋滞解消効果がより大きいと考えられる（Hayashi ら，2011）。また，鉄道優先整備シナリオに地区スケールのビジョンとして，駅前開発シナリオを組み合わせることも重要である。前に提示したビジョンの整備効果は，駅前に車依存の開発を許容する車中心駅前シナリオ，駅の周辺地区への端末交通サービスを改善する端末改善シナリオ，駅前から車利用を排除するカーフリーシナリオの比較から分析される。

　これらのシナリオのシミュレーションによる分析結果は，1) 経済成長（GDP）に伴う移動数（トリップ数）の増加，2) 移動数（トリップ数）に対する移動距離（トリップ人キロ）の増加，3) 移動距離（トリップ人キロ）に対する自動車移動距離（自動車走行台キロ）の増加，4) 自動車移動距離（自動車走行台キロ）に対する都市交通起源 CO_2 排出量の増加の関係をそれぞれ表した四象限の図で

107

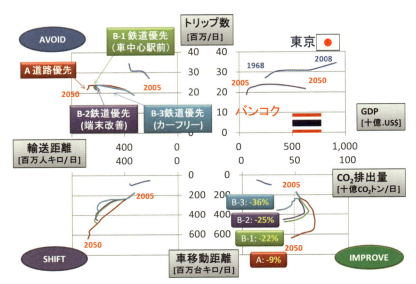

図-14　鉄道優先整備によるCO_2削減効果

示すことができる（図-14）。2)・3)・4) の傾きが小さくなる程，それぞれ AVOID・SHIFT・IMPROVE の効果が高いことを示している。この結果では，トリップ数に対する輸送距離（AVOID）は大きな違いが無く，輸送距離に対する車移動距離（SHIFT）において違いが見られ，SHIFT の効果が高いことが分かる。各シナリオのシミュレーションの結果を比較すると，道路優先整備を行った場合は，CO_2 削減率は現況比 9%にとどまる一方で，鉄道優先整備の場合は，CO_2 削減率は現況比 22〜36%となる。道路優先整備に対して鉄道優先整備は 29%の CO_2 排出減となり，ここでは，移動距離を 14%，車移動距離を 45%減らす。鉄道優先整備シナリオの中では，駅前から車利用を排除するカーフリーシナリオで CO_2 削減が最も高い結果となっている。

　この渋滞抑制メカニズムについて，都心・近郊・郊外といった地区間の移動データを分析することで，鉄道整備による渋滞抑制効果を空間的に比較できる。対象地域であるバンコク首都圏は，内環状道路内の都心，都心から外環状道路内の近郊，近郊から外の郊外，という 3 つに区分けできる。カーフリーシナリオの CO_2

3 低炭素社会の都市・交通システム

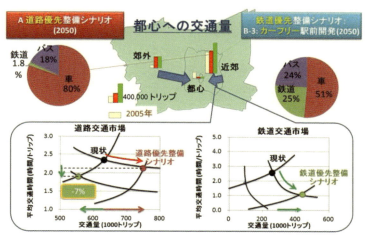

図-15 鉄道優先整備による渋滞抑制効果

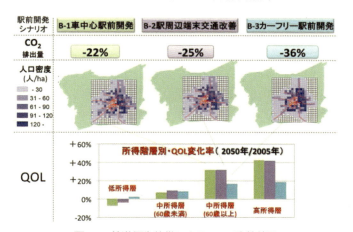

図-16 鉄道優先整備によるQOL改善効果

削減に伴う渋滞抑制効果について，25%の鉄道分担率を実現することで，都心部への乗用車交通量を道路優先整備シナリオに対して26%減らし，その平均移動時間を7%減らす結果となっている（図-15）。特に，都心部内での道路交通需要は70%削減され，平均移動時間を36%減らしその渋滞抑制効果が高いことが分かる。

| 109

一方で，カーフリーシナリオは各属性の QOL を現在より向上させることが可能であるが，高所得層や中所得高齢層にとっては駅前居住と同時に車利用が可能な他のシナリオがより QOL が高い結果となっている（図-16）。これより，カーフリーシナリオは最も低炭素で望ましいが，この実現のためにはより魅力的な鉄道利用のライフスタイルを提供することが求められ，高質な駅前整備とカーシェアリングのような限定的な車利用を組み合わせた検討が必要であるといえるであろう。

6 結　論

　本章では，アジアの低炭素交通システムの設計手法として，現状の診断に基づくビジョンづくりから実現施策の評価までのプロセスを提示し，どのようなシステムと施策が長期的に求められているかを例示した。ここでは，長期的な交通需要の変化に対して各種施策を組み合わせて柔軟に対応できるシステムを構築し，その実現手法を生活の質を含めてより多面的に評価することが重要となる。アジア途上国大都市の都市内交通からの CO_2 排出構造の診断では，急速なモータリゼーションとスプロールで移動距離と車利用率の増大が顕著であり，AVOID・SHIFT 戦略が重要であることが分かる。また，この戦略を具体化した将来ビジョンとして，経済成長や社会生活を支える MRT 整備（SHIFT）を中心としたアプローチが必要であり，そのためには現状の車依存を許容する駅前開発の改善を含めたビジョンとその実現施策の早期実施が重要となることを示した。しかし，これらの整備効果は多面的に解釈でき，カーフリー駅前開発は最も低炭素であるが，車利用者層の QOL を下げてしまうことも考えられる。このため，車利用に対して大きな意識転換を促すと同時に，シェアリングのような限定的な車利用の許容と組み合わせたハード面とソフト面が融合した開発が必要となる。

　これらの分析は，発展途上の段階であり更なる研究が求められる。ここでは，設定した将来ビジョンの有効性（バックキャスティング）を議論したが，従来重視されてきた将来予測の妥当性（フォアキャスティング）については更なる検証

の余地がある。また，カーフリー開発のような新たな提案については，歩行空間整備が移動の楽しみを向上させ QOL の向上へと繋がるといった効果はまだまだ明らかになっていない。このような分析によって，より多様で具体的なビジョンを提示していくことは，今後の研究の重要な課題の１つであろう。

このような研究の成果は，アジア途上国都市の低炭素都市交通実現のための海外支援に携わる際に有用であると考える。特に，低炭素都市・交通システムとその実現手法のメニューを，システム利用に伴う新たなライフスタイルを含めて提案できることは新たな強みとなる。このため，アジア途上国大都市だけでなく，それに続いてモータリゼーションによる渋滞が深刻化しているアジアの多くの中小都市においても，その適用が期待される。

第 5 章で示したような分析は，将来の交通システムに対して，道路と鉄道のバランスや鉄道と駅前開発の調和などにより異なる CO_2 排出に対する QOL 改善のパフォーマンスの評価を試みたものである。アジアの国々では，日本をはるかに上回る速さで出生率が低下し，現在成長途上にあるタイ国でも 2030 年には既に人口減少が始まり急激に社会は高齢化していく。近年，我が国の政府はインフラ輸出に熱心であるが，提案するプロジェクトは経済成長だけでなく，その国の人々が幸せになるものでなければならない。そのために，優れた建設技術の検討だけではなく，将来どのような属性の人口構成になるかを踏まえて，様々な人の QOLと CO_2 排出のパフォーマンスの分析で裏付けされた統合的な交通システムを提案していくことが，土木技術者に要請されているのである。

参考文献

Dalkman, H. and Brannigan, C.: Transport and Climate Change; Sustainable Transport, A Sourcebook for Policy-makers in Developing Cities, GTZ, 2007.

土井健司，中西仁美，杉山郁夫，柴田久：QoL 概念に基づく都市インフラ整備の多元的評価手法の開発，土木学会論文集 D, 62, 288-303, 2006.

藤森真一郎，増井利彦，松岡譲：世界温室効果ガスの半減シナリオとその含意，環境システム研究論文集，39(2), 243-254, 2011.

藤田将人，中村一樹，加藤博和，林良嗣，前田翼：アジア途上国大都市におけるインフラ整備による交通手段の魅力度改善評価，土木計画学研究・講演集，47, 2013.

藤田将人，中村一樹，加藤博和，林良嗣，ワスンタラーラスク・ワシニー：タイ・バンコク

都における世代・収入による QOL 価値観の違いに関する研究，第 16 回日本環境共生学会学術大会，2013.

Klaassen, L.H., Bourdrez, J. and Volmuller, J.: Transport and Reurbanization, Gower Pulbishing, 1981.

Nakamura, K. and Hayashi, Y.: Strategies and Instruments for Low-Carbon Urban Transport: An International Review on Trends and Effects, Transport Policy, 29, 264-274, 2013.

Nakamura, K., Hayashi, Y. and Kato, H.: Low-Carbon Land-use Transport to Improve Liveability of Asian Developing Cities, The Selected Proceedings of the 13th WCTR, 2013.

中村一樹，林良嗣，加藤博和，福田敦，中村文彦，花岡伸也：アジア開発途上国都市における低炭素交通システム実現戦略の導出，土木計画学論文集 D3, 68, I_857-866, 2012.

中村英夫，林良嗣，宮本和明：広域都市圏土地利用交通分析システム，土木学会論文集，335, 141-153, 1983.

中村英夫，林良嗣，宮本和明（編著）：都市交通と環境－課題と政策，運輸政策機構，2004.

Hayashi, Y.: Economic Development and its Influence on the Environment; Urbanisation, Infrastructure and Land Use Planning Systems, [Hayashi, Y. and Roy, J. (eds.)]: Transport, Land-Use and The Environment, Kluwer Academic Publishers, 1996.

林良嗣：貨物高速鉄道指向の途上国産業コリドー形成支援による日本の世界貢献，運輸と経済，74(2), 112-114, 2014.

Hayashi, Y., Mai, X. and Kato, H.: The Role of Rail Transport for Sustainable Urban Transport, [Rothengatter, W., Hayashi, Y. and Schade, W. (eds.)]: Transport Moving to Climate Intelligence, Springer, New York, 2011.

Hayashi, Y., Nakamura, K., Ito, K. and Mimuro, A. (eds.): Putting Transport Into Climate Change Agenda; Recommendations from WCTR to COP19, the WCTRS report, 2013.

林良嗣，富田安夫：マイクロシミュレーションとランダム効用理論を応用した世帯のライフサイクル－住宅立地－人口構成予測モデル，土木学会論文集，395, 85-94, 1988.

Hickman, R., Ashiru, O., and Banister, D.: Transitions to Low-Carbon Transport Futures; Strategic Conversations from London and Delhi, Journal of Transport Geography, 19, 1553-1562, 2011.

伊藤圭，中村一樹，加藤博和，林良嗣：アジア開発途上国都市の旅客交通を対象とした低炭素輸送機関選定手法，環境共生，24, 23-31, 2014.

JICA: The Study on An Improvement Plan for Railway Transport in and around The Bangkok Metropolis in Consideration of Urban Development, Interim Report (II), March 1994.

JICA：都市交通計画策定にかかるプロジェクト研究，JICA レポート，2011.

Office of Transport and Traffic Policy and Planning: Mass Rapid Transit Master Plan in Bangkok Metropolitan Region, M-Map, 2010.

OTP Thailand. Executive summary: Transport Dada and Model Center v (TDMC v). OTP, Bangkok, 2007.

Sanit, P., Nakamura, F., Tanaka, S., and Wang, R.: The Role of Location Choice Behavior and Urban

Railway Commuting of Bangkok Households, Urban and Regional Planning Review, 1, 1-17, 2014.

Schneider, R.J.: Theory of Routine Mode Choice Decisions; An Operational Framework to Increase Sustainable Transportation. Transport Policy, 25, 128-137, 2013.

戸川卓哉，加藤博和，林良嗣：トリプルボトムライン指標に基づく小学校区単位の地域持続性評価，土木計画学論文集 D3, 68,I_383-396, 2012.

United Nations: World Population Prospects, The 2012 Revision. Available at: http://esa.un.org/unpd/ppp/

運輸政策研究機構：低炭素社会における交通体系に関する研究報告書，運輸政策研究機構，2011.

World Bank: Strategic Urban Transport Policy Directions for Bangkok, 2007.

4章

低炭素社会のインフラ素材

1 はじめに

　低炭素社会，すなわち CO_2 をはじめとする温室効果ガス排出量の少ない社会の構築において，直接の関心が向けられやすいのは低炭素エネルギー技術や省エネルギー技術であろう。工業化された社会において，物資の生産，人や物の輸送，空間の冷暖房や照明のために必要となるエネルギーを，化石燃料の燃焼によって得てきたことが CO_2 の排出の主因であることに鑑みれば，これは至極当然のことである。

　一方，こうしたエネルギーの消費は，工業化された社会をかたちづくる社会基盤と密接不可分である。例えば，モータリゼーションは，自動車自身の生産，保有の拡大と道路網の整備の進展が進む中で発展してきた。発明以来，主に石油燃料による内燃機関で駆動されてきた自動車が，ハイブリッド自動車を経て，電気自動車や燃料電池自動車に転換され，それ自身からの直接の CO_2 排出がゼロになったとしても，それだけでは十分な低炭素社会は実現できない。電力や水素などの二次エネルギーを，CO_2 排出を抑えながらどのような技術で提供するのか，という論点はむろん低炭素社会の実現の鍵の一つであるが，本稿の主たる論点はそこではない。仮に走行のためのエネルギーを十分に低炭素で，究極的にはカーボンニュートラルで供給できるとしても，自動車自身の生産のためにも資源やエネルギーが消費される。さらに，道路や橋梁をはじめ自動車の走行に必要な社会基盤の整備や更新のためには，鉄やセメントなど，その生産時に大量の CO_2 排出を伴う素材が大量に使われる。

　自動車の走行時に排出される CO_2 に比べれば，こうしたインフラ整備に伴う CO_2 排出は現時点では小さいが，新たな駆動技術などによる効率改善，いわゆる燃費の改善や，低炭素エネルギーの供給が進展すると，インフラの整備・維持管理に伴う CO_2 排出の寄与が相対的には大きくなる。やや逆説的に聞こえるかもしれないが，低炭素社会への転換が進めば進むほど，低炭素社会への直接の貢献が困難にみえる部門での CO_2 削減の重要性が増すと見るべきであろう。

　社会基盤の整備と運用・利用時のエネルギー消費の関係の端的な例として，道

路整備と自動車走行の例をあげたが，こうした関係は，時として揶揄的な意味を
こめて「ハコモノ」と呼ばれる公共施設も含め，他の社会基盤施設にもあてはま
る。なお，インフラストラクチュア（Infrastructure，社会基盤施設）という語は，
公共事業で整備される公的な基盤施設を指すことが多いが，本稿では，個人住宅
なども含めた建造物全般を視野に入れて論じる。さらに，街区の一部を形成して
いるという意味での公共性を帯びた住宅だけでなく，オフィスビル，工場，倉庫
など，経済学的には公的資本とは区分して，「民間資本」と括られる構造物も視
野に入れる。

　インフラストラクチュアの略語である「インフラ」は，民間事業では成立しに
くい，公共性の高い施設として，社会を「下支え」することが本来の語意である
が，本稿の関心の主眼は，そうした文脈での「インフラ」に限定することではな
く，むしろ「ストラクチュア（構造物）」全般を視野に入れることにある。空間
構造的にみれば，水道や下水道のように，大半が地面の下に埋設され，文字通り，
目に見える地表の構造物を下支えするインフラが重要であることは論を俟たな
いが，ここでは，我々が暮らす社会を支えるための構造物をより広い視野でとら
える。整備や所有の主体を問わず，大規模な構造物の構築には，鉄やセメントな
ど，いわゆる「素材」産業の生産物が不可欠であること，そして，そうした素材
の生産や利用という視点から，低炭素社会のための緩和策の可能性を論じるのが
本稿の主旨である。

2　インフラの整備のための素材と炭素排出

2-1. 炭素排出からみた主要素材

2-1-1. 土木と材料

　土木という語に含まれる「土」と「木」は依然として社会基盤の整備と密接不
可分であり，とくに「木」はそれ自身の主たる構成元素が炭素であって，再生可
能資源であるという点でも，低炭素社会との関わりが深い。しかし，現代の大規

模土木構造物の代表的な素材といえば，コンクリートと鉄であることはいうまでもない。後に詳述するように，コンクリートの主成分であるセメントを石灰石などの原料から生産する際や，鉄鋼を鉄鉱石から生産する際には，その製法上，CO_2の排出がほぼ不可避である。鉄鋼は機械をはじめ建設分野以外でもさまざまな用途に利用されるのに対し，セメントの用途は建設分野であり，とくに公共事業による土木構造物の占める割合が大きい。近年，わが国では社会の成熟化により，大規模公共事業が減少しているが，経済の発展段階ではインフラ整備のためのセメントや鉄の需要が大きく，発展途上国とくに新興経済諸国におけるセメント生産や鉄鋼生産に伴う CO_2 排出量の増大が，低炭素社会の観点からは課題である。USGS（2015）の報告によれば，2014年の世界の生産量に占める中国の生産量のシェアは，セメントで約60％，粗鋼で約50％である。図-1に世界主要国，主要地域別の粗鋼生産量の推移を示す。

　中国の最近3年間のセメント需要量は，米国における20世紀の100年分の需要量を上回っており，中国の現在のセメントの年間生産量約25億トンは，米国の約30倍，日本の約40倍にも達する。

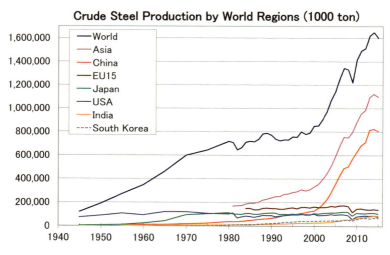

図-1　世界主要国，主要地域別粗鋼生産量の推移
（World Steel Association の統計をもとに作成）

2-1-2. エネルギー多消費業種とインフラ素材

　産業分類の側からみると，製造業のうち，エネルギー多消費産業としてよく名前が挙がるのは，鉄鋼，化学，紙・パルプ，セメントの4業種である。大規模な生産設備を特徴とする装置型産業という語や，生産物の形状から重厚長大産業と呼ばれる産業，あるいは素材産業と呼ばれる業種もほぼ同じ範囲を指す。石油精製と石油化学は，化学工業の上流側に位置し，石油化学コンビナートの形成においても密接な関わりを有するが，エネルギーバランス表やこれに基づく CO_2 の排出インベントリでは，エネルギー転換部門として化学工業とは別区分で計上されている場合が多い。鉄鋼生産と密接に関連するプロセスとしてコークス製造があるが，これに相当する業種である石炭製品製造も，エネルギーバランス上はエネルギー転換部門に分類される。また，セメント生産は，窯業・土石製品製造業の一部であるが，この業種区分にはセメントのほかガラスも含まれ，エネルギー消費（化石燃料起源）・工業プロセス（石灰石起源）の両面で，CO_2 排出との関わりが深い。これらをまとめると，コークス等の石炭製品コークス製造を含む鉄鋼生産，石油精製・石油化学と連なる化学工業，紙・パルプ産業，セメントやガラスを生産する窯業・土石産業の4分野が，エネルギー消費や CO_2 排出の面でみて重要な位置を占める産業である。生産される素材の耐久性，寿命という観点からみると，鉄鋼と窯業・土石は，長寿命の素材を提供する産業という点でインフラとの関わりが深く，化学工業と紙・パルプはより短寿命の製品のシェアが大きい。但し，化学工業の製品の一部，例えば塩化ビニル製のパイプは，長寿命，耐久性の素材として，土木・建築分野でも多用されている。

2-1-3. 非鉄金属

　これら4業種分野とともに，エネルギー消費・CO_2 排出という観点からインフラ素材を考えるうえで重要なのが非鉄金属産業である。金属を総使用量でみると，鉄が群を抜いて大きいが，これに次ぐのがアルミニウムや銅である。アルミニウムは，原料鉱物（ボーキサイト）からの生産時に，大量の電力を必要とすることで知られ，その電力をどのような一次エネルギーで供給するか次第ではあるが，アルミニウムは炭素排出にとって鉄鋼に次いで重要な素材である。わが国でも，かつてはアルミニウムの一次製錬が行われていたが，二度のオイルショックを経

たエネルギー価格の高騰により，国内での精錬は国際競争力を失い，現在では新地金の全量が輸入によるものである。このため，アルミニウムの精錬は，日本国内の CO_2 排出からみるとその存在そのものが見え難いが，アルミニウムは軽量さや電気伝導度に優れているがゆえにインフラ分野でも多用される素材であり，輸入相手国で排出されている CO_2 も考慮すると，低炭素社会によって重要な素材である。なお，アルミニウムについても中国の生産量の伸びは著しく，世界の生産量の約半分を占める。

　非鉄金属のうち，銅はアルミニウムに次いで利用量の多い金属で，水道管など，インフラ分野でも長い利用の歴史を持つ。鉄鋼やアルミニウムが CO_2 排出の観点から重視されるのは，これらの鉱物が主に酸化鉱であり，その還元のための炭素源や電解のためのエネルギー源が CO_2 排出に結びつくためである。これに対し，銅は主に硫化鉱として産出されるため，古くから銅精錬に伴う大気や水の汚染が深刻な環境問題を発生させてきたが，精錬段階でのエネルギー消費はそれほど重大な関心となってはいない。むしろ，銅鉱石の品位の低下に伴って，採掘や選鉱に要するエネルギー消費の増大が懸念されていることが，低炭素社会とのより重要な接点である。銅はとくに電力の生産・利用において必要不可欠な素材であり，電力関連施設をはじめ，インフラ整備においても極めて重要な位置を占める。とりわけ，低炭素社会に向けた緩和策として，効率向上のために電力という形態でエネルギーを利用する技術がさらに普及することを見据えれば，銅の需要は高まることが予想される。

2-2. 鉄鋼生産，セメント生産に伴う CO_2 排出

2-2-1. 燃料の燃焼以外の CO_2 排出

　セメントの主原料である石灰石の主成分は炭酸カルシウム（$CaCO_3$）であり，その焼成によって CO_2 を分離することで，セメントの主成分である酸化カルシウム（CaO）を得る。すなわち，CO_2 を分離して排出することがセメント生産の本質であると言っても過言ではない。焼成に必要な高温を得るためには，石炭などの燃料が利用され，そこからも CO_2 が発生するが，概念上，燃料起源の排出と，石灰石という原料起源の排出とは，IPCC の温室効果ガス排出量算定のガイドラ

イン（IPCC, 2006）でも明確に区分されており，後者は工業プロセス起源の排出に分類される。一方，鉄鋼生産においても，鉄鋼原料中の不要成分の除去のために石灰石が投入され，その分解によってもCO_2が発生する。また，鉄鋼生産のうち，鉄鉱石の還元のための石炭やコークスに由来するCO_2排出については，これは化石燃料起源であっても，「鉱石の還元」というプロセスが主目的であるため，国際的な排出量算定ルール上は，燃料の燃焼ではなく，工業プロセスに分類されている。こうした整理の考え方からも，セメントと鉄は，その生産技術の本質が，CO_2の排出と密接不可分であるという点でも，低炭素社会においてとくに注目すべき素材でることがわかる。

2-2-2. セメント生産工程における CO_2 削減対策

　セメントの焼成に用いるセメントキルン（回転窯）内部の温度は 1500℃ 近くとする必要があり，そのための安価な燃料として石炭が主に用いられている。一連の工程のエネルギー効率を高める技術として，石灰石や粘土などの原料をあらかじめ余熱してキルン内に送りこむ方法がある。余熱には，SP（サスペンション・プレヒーター）や NSP（ニュー・サスペンション・プレヒーター）と呼ばれる装置が用いられ，装置内部で粉末状の原料とキルンからの排ガスとの間で熱交換が行われる。わが国のセメントキルンではこれらの方式が既に普及しているが，発展途上国など，今後のセメント生産の主力を担う地域へのこうした技術の普及は，排出削減の大きなポテンシャルである。

　また，後に2-3. で述べるが，わが国ではセメント産業において，他業種で発生した廃棄物を原料，燃料として受け入れて処理している。このことは，セメント産業単体で見た場合には，エネルギー消費量，CO_2排出量の増加につながりうる要因であるため，廃棄物として別途処理した場合に生じていたであろうエネルギー消費量やCO_2排出量が削減される効果を加味して評価することが必要である。

　なお，コンクリート製の構造物は，寿命を終えた後，破砕して骨材や路盤材などとして再生利用されることで，廃棄物としての処分量の低減には大きく貢献しているが，こうした形態でのリサイクルは，CO_2の主要排出要因であるセメントの代替とはならないため，炭素排出の削減には直結しない点が，次に述べる鉄スクラップの利用とは大きく異なる点である。

121

2-2-3. 鉄鋼生産における炭素排出削減対策

　鉄鋼の生産法は，高炉・転炉による方法と，電炉による方法に大別される。前者では主に原料の鉄鉱石の還元のための石炭やコークスの消費に伴って，後者では主に原料のスクラップの溶解のための電力の生産に伴って CO_2 が発生する。

　高炉による方法では，コークス炉で石炭を蒸し焼きにしてコークスを生産してこれを還元剤とし，あらかじめ焼結炉で焼き固めた鉄鉱石とともに高炉に投入して銑鉄を生産した後，転炉で銑鉄中に残る炭素分を除去して鋼とした後に，圧延などの工程を経て板や棒などの用途の合わせた形状に加工する工程が一般的である。この際，コークス炉や高炉では水素，メタン，一酸化炭素などの可燃性ガスが副生するため，これらを回収して鉄鋼プロセスでの熱源としたり，自家発電ないし外販先での発電用の燃料としたりすることで，有効利用が図られている。こうした副生ガスが他の燃料を代替することによる炭素排出の削減効果のカウント方法に依存するが，高炉・転炉法による粗鋼 1 トンあたりの CO_2 排出量は 1.5 トン程度と推計されている（行木・森口，2013）。わが国を含め，多くの製鉄国では還元剤として石炭を利用していることが，炭素排出量が多い一因であり，天然ガスを用いた直接還元法も世界的には利用されている。但し，インドのように，石炭によって直接還元鉄を得る方法では粗鋼あたりの CO_2 排出量は高炉法よりも悪化する。

　一方，電炉法では，アーク放電の熱でスクラップを溶かすことで鉄鋼生産を行う。発電源に依存するが，粗鋼 1 トンあたりの CO_2 排出量は高炉・転炉法の 3 分の 1 程度である（行木・森口，2013）。大量の電力を消費するため，電力需要の少ない深夜の安価な電力が利用されてきたが，大震災時の事故によって原発が稼働停止しているわが国では，深夜電力であっても従前より単位電力量あたりの CO_2 排出係数が高い状況であることと，電力価格の上昇により，高炉・転炉法と比較した相対的な優位性が低下する状況となっている。とはいえ，スクラップの有効利用がインフラの主要素材である鉄鋼の生産の低炭素化において極めて重要な意味をもつことには変わりはない。次項でこのことについてより詳細に検討する。

2-3. 資源リサイクルと炭素排出削減

2-3-1. スクラップ利用による炭素排出削減の可能性と限界

　電炉による製鉄は，高炉・転炉による製鉄に比べて粗鋼生産量あたりの CO_2 排出が約 1/3 に抑制できることを先に述べた。しかし，高炉・転炉法から電炉法に転換することで CO_2 排出が削減できる，というような単純な関係ではない。電炉法で用いる鉄源は鉄屑であり，その供給可能量が電炉による鉄鋼生産量の上限を決めることになる。

　鉄屑は鉄鋼業自身や鉄鋼を材料として製品を生産する産業での加工段階から発生する屑（加工屑）と，寿命を終えた製品の回収や建造物の解体から発生する老廃屑に区分される。加工屑は，鉄鋼業自身や電機，自動車などの加工産業の「歩留まり」の影響を受けつつ，鉄鋼の生産量にほぼ比例する形で発生すると考えられる。歩留まりの向上により，粗鋼生産量あたりの最終製品生産量を向上させることが生産効率の本筋であり，そのうえで発生した加工屑は有効利用されてきている。したがって，CO_2 排出削減可能性という観点から重視するべきことは，老廃屑がどの程度発生し，どれだけが回収可能か，である。

　鉄鋼の用途は多岐にわたるが，建設（土木，建築），機械，交通，その他の 4 分類に区分されることが多い。その他には，飲料缶などの短寿命のものが含まれ，そのリサイクル率の向上は日常生活と密着した課題ではあるが，そうした消費財のフローは鉄鋼生産の総量からみればごく一部にすぎない。鉄鋼の主な需要はより長い寿命をもつ耐久消費財，工場などの生産設備，住宅，ビル，工場建屋などの建造物，橋梁などの土木構造物などに向けられており，これらが寿命を迎えた段階での回収可能性が関心事となる。

　現在の我が国での鉄鋼生産原料に占めるスクラップの割合は約 1/3 であり，過半を占める米国よりも低い。その一因は，老廃スクラップの発生が過去からの蓄積量に依存し，鉄鋼の生産，利用，蓄積の歴史が米国よりも短いことによる。また日本で生産された鉄鋼は，内需のほか，鉄鋼製品として直接に輸出されたり，鉄鋼を利用した自動車等の加工製品として間接的に輸出されたりするため，国内に蓄積されてきた鉄を循環利用するだけでは，そもそも鉄源の需要を満たさない。

　一方，発展途上国においては，鉄鋼の蓄積の歴史がさらに浅いため，経済の急成

長段階においてインフラ建設等のための鉄鋼需要が増加しても，自国の老廃屑の発生は限定的である。建設用途の鋼材の大半は，電炉で生産される鋼材の品質でも十分であるが，建設用途では需要とスクラップ供給の間に数十年のタイムラグがあり，老廃屑の発生量がスクラップ利用の律速となる。先進国への過去からの蓄積に由来する老廃屑の国際的利用が考えられるが，先進国の人口規模を，中国をはじめとする経済急成長国の人口規模がはるかに上回るため，国際的な流通を高めても老廃屑の供給が追い付かない。巨視的にみれば，十分な量を社会にストックとして蓄積された後でなければ，老廃スクラップの利用は十分には行えない。すなわち，鉄鉱石から高炉・転炉法で CO_2 を排出して鉄を社会に十分な量を蓄積した後で，はじめて電炉製鉄が CO_2 削減技術としての有効性を発揮することになる。

　中国の年間粗鋼生産量は 2014 年には 8 億トンを超えた。日本の鉄鋼蓄積量は十数億トンと推計されており，中国の年間生産量の 2 年分に満たない。わが国からの鉄屑の輸出量は数百万トンに達するが，これは中国の年間生産量の 1% 程度にすぎない。世界最大の CO_2 排出国であり，世界の鉄鋼生産量の約半分を占める中国に関しては，中国自身から老廃屑が発生するようになるまでは，鉄スクラップ利用による CO_2 削減ポテンシャルは限定的ということになる。こうした状況を定量的に解析する手法として，物質フロー・ストック分析があり，これについては後に 3.で述べる。

2-3-2. 建設工事由来の廃棄物の循環利用による炭素削減ポテンシャル

　わが国では，建設リサイクル法の施行により，建設副産物の循環的利用が進展し，とくに廃アスファルト，廃コンクリート，これらの混合物（アスコンがら）を現場内および現場間で再び建設工事の材料として利用することが広く実行されている。その効果は上述のとおり，主に処分対象となる廃棄物の減量であり，低炭素化という面での貢献は限定的である。これに対し，低炭素化，廃棄物の減量の両面で，対策の余地があるのが建設混合廃棄物である。建設混合廃棄物は，新築や改築の現場で発生する端材，梱包材などに由来し，木材，プラスチックなどを含む。分別，選別が十分に行われれば，材料や燃料として利用可能であり，その絶対的な CO_2 排出削減ポテンシャルはそれほど大きいものではないが，建設廃棄物由来の低炭素化の取り組みの余地が残されているものである。

2-3-3. 素材産業における廃棄物の原燃料利用と炭素排出削減

2-2. で触れたとおり，セメント産業は化石燃料由来，原料の石灰石由来の両面でCO$_2$排出量の多い産業であるが，同時に様々な廃棄物の再生利用先としても特筆すべきものであり，廃棄物の受け入れがCO$_2$排出削減という点でも効果的である。

表-1 にセメント産業で利用されてきた主な廃棄物の種類を示す。セメント生産量 1 トンあたり，廃棄物の利用量は 500kg 近くにも達している。主に燃料として利用されるものとして，木屑や廃プラスチックがあり，これらは石炭の代替となる。一方，鉄鋼業の高炉・転炉での鉄鋼石の還元によって発生する高炉スラグや転炉スラグはいわゆる高炉セメントの原料となり，石灰石を代替することで，工業プロセス由来の CO$_2$ 削減に寄与する。また，下水汚泥などの廃棄物の焼却灰もセメントキルンに原料として投入されることで，埋立処分量の削減に寄与する。廃棄物を原燃料の一部として利用するにとどまらず，焼却灰を主な原料とするエ

表-1 セメント業界の廃棄物・副産物使用量

		（単位：1000トン）	
種類	主な用途	2007	2012
高炉スラグ	原料、混合材	9,304	8,485
石炭灰	原料、混合材	7,256	6,870
汚泥・スラッジ	原料	3,175	2,987
副産石こう	原料（添加材）	2,636	2,286
建設発生土	原料	2,643	2,011
燃え殻、ばいじん、ダスト	原料、熱エネルギー	1,173	1,505
非鉄鉱滓等	原料	1,028	724
木くず	原料、熱エネルギー	319	633
鋳物砂	原料	610	492
廃プラスチック	熱エネルギー	408	432
製鋼スラグ	原料	549	410
廃油	熱エネルギー	200	273
廃白土	原料、熱エネルギー	200	253
再生油	熱エネルギー	279	189
廃タイヤ	原料、熱エネルギー	148	71
肉骨粉	原料、熱エネルギー	71	65
ボタ	原料、熱エネルギー	155	0
その他	—	565	835
合計	—	30,720	28,523
セメント1tあたり使用量(kg/t)		436	481

出典：セメント協会　http://www.jcassoc.or.jp/cement/1jpn/jg2a.html

コセメントの生産も行われている。

　一方，鉄鋼業では，廃プラスチック，とくに容器包装リサイクル法のもとで分別収集された，PET ボトル以外の容器包装プラスチックの再生利用がなされている。その主眼は，廃プラスチックを鉄鉱石の還元剤として利用することにあり，二種類の技術が利用されている。一つは高炉にコークスや微粉炭の代替として廃プラスチックの造粒物を直接に投入する高炉還元剤化である。もう一つは高炉での鉄鉱石の還元剤となるコークスの製造段階で，コークス炉に廃プラスチックを投入するもので，この場合，廃プラスチックは，コークスのほか，副生ガス（コークス炉ガス）や軽油成分にも移行し，これらも原燃料として利用される。こうしたプロセスでの廃プラスチックの利用は，鉄鋼業での石炭の消費の代替となり，廃プラが単純焼却された場合はもとより，廃棄物発電に用いた場合と比べても，化石燃料由来の CO_2 排出の削減効果が大きく，廃プラスチック 1kg あたり 2kg 程度の CO_2 排出削減効果がある（稲葉ら，2005）。

　日本におけるこうした廃棄物の再生利用，熱利用による CO_2 の年間排出削減量は約 2000 万トンと推計されており(中央環境審議会,2015)，日本の GHG 総排出量の約 1.4％に相当する。日本における廃棄物処理（国際的な分類上，排水処理を含む）由来の GHG 排出量は，日本の GHG 総排出量の約 2.5％であり，再生利用・熱利用での削減効果がその半分強を相殺している勘定となる。

3　低炭素社会のインフラ整備に向けたシステム分析手法

　前節では，インフラ整備に用いられる素材の生産に着目して GHG 排出との関係について論じたが，低炭素社会とインフラの関係を論じるうえでは，素材に着目しながらも，より俯瞰的な視点からシステム分析的な手法を用いることが有用であろう。ここではその主な手法を概観する。

3-1. 物質フロー分析と物質フロー指標

　物質フロー分析（MFA：Material Flow Analysis）とは，ある着目した系に投入さ

れる資源やエネルギーと，系から産出される製品，副産物，廃棄物，汚染物質などについて，その総量あるいはそこに含まれる特定の物質や元素の量，これらの収支バランスを，体系的・定量的に把握する手法の総称であり，マテリアルフロー勘定（Material Flow Accounting）あるいはマテリアルバランス（物質収支）分析と呼ばれることもある（森口，2015）。

　物質フロー分析は，環境への影響を意識しながら，特定の物質・製品に着目して物質フローの量的把握を行うタイプ I と，国，都市，産業部門，工場といった分析対象とするシステム境界をまず設定し，その境界を出入りする物質フローの量的把握を行うタイプ II に分類される。タイプ II のうち，国をシステム境界とする Economy-wide MFA は，1990 年代後半に筆者が参加して実施した国際共同研究などを経て多くの国で実施されるようになり，欧州連合では，2011 年の指令により，既に公式な統計としての報告対象項目となっている。

　物質フローの国際共同研究の契機の一つとして，1992 年以降，わが国の環境白書に日本の物質フローが報告されてきたことが挙げられる。循環型社会形成推進基本法が制定された 2000 年が循環型社会元年と呼ばれることがあるが，この物質フローの把握は 1990 年に当時の環境庁に設置されていた循環型社会に関する研究会の報告に起源がある。2003 年の循環型社会形成推進基本計画で，Economy-wide MFA に基づく指標とその数値目標が制定されたことや，その翌年 2004 年の G8 サミットで日本が 3R イニシアティブを提唱したことによって，循環型社会というコンセプト，その手段としての 3R，分析手法としての物質フロー分析が相互に影響しながら発展してきたと考えられる。

3-2. 物質フロー分析から物質ストック分析への展開

　わが国の物質フローにおいて，建設用鉱物は資源投入量，とくに国内資源投入量の大きな割合を占めてきた。国レベルの物質フローの体系的な把握が行われてきた 20 年余りの間に，経済・社会の成熟化や大規模公共工事の減少に伴って需要構造が大きく変化しており，近年の物質フローの総量の減少は，建設用鉱物の需要減の影響を大きく受けている。その結果，物質投入量あたりの GDP で計算した資源生産性指標は，みかけ上は大きく向上しているが，その影響を排除するために付加された，「土石系資源投入量を除いた資源生産性」という指標でみる

と，資源生産性の向上はより低い水準にとどまる。

　物質フロー分析は，「産業エコロジー」と呼ばれる研究分野の中心的な手法の一つとして，最近急速に発展してきた手法でもある。その経緯については，産業エコロジーの発展についてまとめた出版物への寄稿（Moriguchi and Hashimoto, 2015）に譲る。

　物質フロー分析は極めて汎用性に富んだ手法であり，多くの発展の方向性があるが，本稿の内容との関わりにおいては，エネルギー・温室効果ガスの問題と物質フローとを統合的に分析すること，物質のフローだけでなくストックにも着目した分析を行うことが，特に重要であろう。前者に関しては，エネルギーバランス表におけるエネルギー収支の記述や，これに基づく温室効果ガスの排出インベントリは，物質フロー分析と手法上の共通点が多い。また，わが国では，産業連関表の環境分析への応用が盛んに行われてきており，産業連関表を共通の情報基盤とすることで，エネルギー消費量・CO_2排出量の分析と物質フロー分析との比較可能性を高めることができる。後者に関しては，建設原材料に着目した物質フロー研究から物質ストック研究への展開は既に進みつつある。

　社会の成熟化に伴って，ストックに着目することの意義は高まっており，循環型社会形成推進基本計画の第三次計画においても，ストックに着目した指標の開発が検討課題にあげられている。インフラに限らず，電気電子機器などに着目した，いわゆる「都市鉱山」の観点からの有用な物質の社会への蓄積への関心が高まっており，経済社会にストックされた物質からの資源の回収，再生利用を，低炭素社会という観点からとらえなおすことも今後の研究課題であろう。ストック，とくに社会資本は，公益性の高いサービスの提供によって，生活の質（QOL: Quality of Life）を向上させることが役割である。同じ量のストックを築くのに要する炭素の排出量を下げる一方で，同じ量のストックから引き出せるサービスを向上させることが，生産性，効率を高めることとなる。

3-3. ライフサイクルアセスメント（LCA）

　製品やサービスに着目して，原材料の採掘から廃棄に至る一生（ライフサイクル）の環境影響を評価するライフサイクルアセスメント（LCA）についても，近年，調査研究と社会での実践の両面で急速な発展を遂げてきた。筆者らは，地球温暖化問題が話題になった初期において，またライフサイクルアセスメント手法

が普及しはじめた初期において，自動車のライフサイクル CO_2 の分析を行った。その際，自動車自身の生産時の CO_2 と使用時の CO_2 排出に加え，道路整備に伴う CO_2 排出についても試算に加えていた（森口・近藤，1993）。

　欧米では，LCA の適用対象は主に工業製品であったのに対し，わが国では早い段階から土木・建築分野への応用がなされてきた。土木学会の地球環境委員会や環境システム委員会は，建築分野の学会と並んで，LCA の土木・建築分野への適用に関する活発な活動の中心に位置してきている。

　先に 2.で述べたとおり，建設分野で利用される原材料は，生産段階での CO_2 排出量の多い（Carbon-intensive；炭素強度が高い，炭素集約度が大きい，などの表現がなされる）材料が多く，また，供用・利用段階でもエネルギー消費量の大きな施設が含まれる。建設分野は寿命が長く，ライフサイクルに着目することの意義は大きいが，逆に寿命が長すぎるがゆえに，寿命の設定自身や，廃棄段階の実績がまだ少ないという課題もある。高度成長期に整備されたインフラの老朽化が進む中で，廃棄段階を含む LCA の必要性が高まっているといえよう。

　建設分野の材料や主要工法に関するライフサイクルインベントリのデータベースも整備，公開されている（国土技術政策総合研究所，2012）。

　なお，LCA とアセットマネジメントとは必ずしも明示的に結び付けられていないが，社会の成熟化が進んだわが国において，LCC（ライフサイクルコスト分析）などライフサイクルに着目した評価手法や管理手法が重要であることについては，共通理解が得られやすいと思われる。後に述べる制度的観点も含め，長期のライフサイクルにわたるマネジメントの考え方は，建設分野で低炭素社会を論じる上での中心的な課題の一つであろう。

4　巨大災害の経験と低炭素社会への含意

4-1. 東日本大震災による経験と教訓

　2011 年 3 月 11 日に発生した東日本大震災は，多くの教訓を残した。「残した」と過去形で記述するのは時期尚早であり，復旧，復興の道半ばである現在も，学

129

び続けるべきことが多い。低炭素社会への転換という，いわば慢性病への対処と，巨大災害という突発的な問題への対処とでは，性格が大きく異なるが，中長期を見据えた計画的な対処の必要性という点では共通点も多い。本稿の本旨からは多少逸れるかもしれないが，東日本大震災に伴う課題への対処の経験の中から，関連する話題に言及しておきたい。

　宮城県での災害廃棄物処理は，市町村での独自の処理と，県への委託の二本立てで行われ，後者はブロックごとに共同企業体の提案をもとに実施された。石巻ブロックでの災害廃棄物処理では，300トン/日の処理能力をもつ仮設焼却炉が5基設置された。うち3基は焼却炉として最も一般的なストーカ炉であったが，残る2基はロータリーキルン（回転炉）であった。このキルンは，稼働を休止していたセメントキルンを3つに切断したうちの2つを再利用して整備されたものである。リユースというよりは，リマニュファクチュアリングの一種といえよう。

　一方，岩手県では，可燃物の焼却のための仮設炉の設置は1基のみであり，既設の施設の利用が優先された。このうち，大船渡市に立地するセメント工場は，それ自身が被災したが，災害廃棄物の処理に大きな役割を果たした。可燃物は燃料として，津波堆積物などの不燃物は原料としてセメントキルンで利用されたほか，キルン投入物の塩分除去のために仮設された洗浄設備を活用して，不燃物からの復興資材の生産も行われた。

　これら二つの事例は，セメント産業が平常時から廃棄物処理に大きな役割を果たしてきた実績があったからこそ，迅速な対応が必要な状況下でも実現したものであろう。処理された災害廃棄物は，地盤のかさ上げなどの現地の復興事業にも再生利用されている。

　土木分野の素材生産技術は，低炭素化という要請に対しても，今後の需要量の見通しという面でも，厳しい状況におかれているが，低炭素社会に求められるであろう「レジリエンス」の観点からは，学ぶべきことが多い。

4-2．大災害からの復興における低炭素インフラへの転換

　巨大災害時に，早急に元に戻したい，いわゆる「復旧」を急ぎたいとする力が働くのは当然のことである。阪神・淡路大震災からの復旧・復興にあたって，土木学会環境システム委員会におけるサステイナブル・リビルディングの検討（盛

岡・藤田，1998）に関わったが，その際にも，ただ元に戻すのではなく，環境面からみてより望ましい社会基盤の再構築の機会としてとらえるべきとする議論がなされた。しかし，地域の経済活動の回復に求められるスピード感に照らせば，大きな変革を伴う復興計画は受容されにくい。むろん，巨大災害後の混乱の中で，十分に吟味されない拙速な提案が蔓延ることも避けねばならない。平時から，低炭素社会実現に向けた社会基盤の中長期的な再構築の青写真を描き，その中に，万一の巨大災害が発生した際にも，それを奇貨として適応できるような要素を組み入れておくぐらいの先見性が必要であろう。

　実際，三陸の津波被災地の復興計画においても，低炭素社会はキーワードの一つとなっている。太陽光発電，風力発電などの再生可能エネルギー技術の導入といった施策は，即効性，実行可能性という面ではわかりやすいが，巨大な津波によって，不幸にも破壊しつくされ，ほぼ更地からの復興を余儀なくされているがゆえに，既存のインフラからの更新では実現しにくい，社会基盤の再構築の例外的な機会であるという見方も可能であろう（森口，2013a）。既成の市街地が津波で壊滅的な被害を受け，嵩上げした地盤の上にゼロから新たな街を築こうとする，岩手県陸前高田市の事例はその試金石として着目される。

4-3．横断的な連携の必要性と次世代への継承

　東日本大震災を契機に，日本学術会議では，土木工学・建築学委員会が中心となって，災害に関連する約 30 の学協会の連絡会が設置され，多くの公開行事が企画された。今回の震災の教訓として，学際的な連携が不足していたこと，将来の大災害への対処能力を高めるため，分野を越えた連携体制を次世代に継承していくことが必要であるとの問題意識が共有され（森口，2015），連絡会が源となって，その後，「防災学術連携体」が組織化されるに至った。巨大災害の記憶が新しい中，非常時の対処における連携の必要性は説得力を持つが，気候変動のような緩慢に進む問題では危機感が共有しにくいかもしれない。気候変動による将来の影響には大きな不確実性があると考えられるが，数十年のスパンで将来を見通し，対策を講じていくことの必要性においては，巨大災害への対処と低炭素社会の構築とは共通性がある。緩和策・適応策の両者において，分野を越えた連携により，多様な知恵を結集することがレジリエンスの強化につながるだろう。

5 インフラに着目した低炭素社会の緩和策の方向性

5-1. 緩和策が注目すべき断面

　寿命の長さや使われる素材の特徴から，建設分野で低炭素社会を論じる際には，長期のライフサイクルにわたるマネジメントの考え方が重要であることを3-3. で述べた。ここでは，インフラのライフサイクルに沿って，低炭素社会実現のための緩和策が，どの段階で介入しうるかの整理を試みる。

　まず，本稿の主題であるインフラ素材自身に着目すると，生産側，利用側の両面で数多くの対策の機会がある。生産側では，利用するエネルギーの低炭素化，素材生産技術におけるエネルギー効率の向上，素材生産のための原料代替や再生利用による低炭素化，素材生産段階で発生する炭素の隔離貯留（CCS）などが挙げられる。これらの対策は，インフラ固有のものではなく，用途を問わず，炭素集約度の大きな素材に共通する課題である。2008〜2012 年度に実施した低炭素アジア 2050 プロジェクトの一環として，筆者ら「資源チーム」が取り組んだのは，こうした炭素集約度の大きな素材の需要が経済の急成長諸国で増加することに着目した緩和策であった（アジア低炭素社会研究プロジェクト，2012）。

　一方，素材の利用側からみると，複合素材などによって，強度などの所要の機能をより少量の素材で実現する技術（Allwood and Cullen, 2012）や，構造物の設計技術によって，床面積などの物理的サービス単位あたりの素材の需要量を下げる技術などが考えられる。素材は，より多く生産することが求められがちであるが，利用者から求めるのは素材そのものではなく，素材が発揮する機能である。さらに，素材自身の生産・利用というレベルにとどまらず，社会からインフラに求められるサービス水準を，より少ない物理量の構造物で供給する対策にまで踏み込むことで，緩和策の選択肢は大きく広がる。概括的に言えば，これには施設の稼働の効率の向上を意味し，コンパクトシティ化などによるアクセス性の向上はその有力な手段の一つである。

　インフラの供用，運用段階でのエネルギー消費と CO_2 排出については，施設の種類ごとに様相は異なるが，上下水道事業のように，インフラの整備と運用に一

貫して同じ事業主体が関わる場合には，整備段階から，運用時のエネルギー消費を考慮した計画を立てることが可能であろう。

5-2. デカップリング，資源生産性・資源効率，循環経済

インフラ整備のために大量の素材が必要となることは，CO_2 排出の面だけでなく，資源の需要という観点からも関心を呼ぶ問題である。資源消費がもたらす環境影響に関する科学的評価と政策への助言を目的として，2007 年に国連計画が事務局となって国際資源パネル（IRP: International Resource Panel，設立時の名称は持続可能な資源管理のための国際パネル）が設立された（森口，2013b）。IRP は，資源の消費やこれに伴う環境への悪影響が経済成長に比例的におきがちであったのに対し，この関係を切り離す（Decouple）ことの重要性を指摘するとともに，各分野における具体的な課題をとりあげた報告書を公表している（IRP, 2011, 2014）。これまでに公表された報告書の一つに，都市レベルでのデカップリングがある（IRP, 2013）。この報告では，資源消費とこれに伴う悪影響を緩和するために，都市のインフラの再構築の必要性を論じ，「統合型エコアーバニズム」，「都市ネットワーク型技術」，「システム的都市移行」，「都市ネットワーク型インフラ」の 4 つの方向性に整理している。

IRP の設立は，欧州委員会（European Commission）が環境政策の中で，自然資源の持続可能な管理を中心課題の一つに据えたことと呼応している。UNEP と OECD との共催で 2008 年に開催された資源効率に関する国際会議や，OECD による資源生産性に関する理事会勧告（2003 年，2008 年）などに見られるように，資源生産性（Resource Productivity）や資源効率（Resource Efficiency）という語が，Decoupling という概念とともに環境政策でも重視されるようになっており，日本の循環型社会，3R 政策もこれらとの関わりが深い。さらに 2014 年夏には，欧州委員会の政策文書で Circular Economy（循環経済）という語が中心的なコンセプトとして使われ，注目を集めた。2015 年 12 月に欧州委員会は循環経済の新たな政策パッケージを公表し，5 つの重点分野の一つとして建設・解体セクターを挙げている。これより先に，中国では，2000 年前後から「循環経済」を環境政策のキーワードとして導入し，2006 年の第 11 次五か年計画においては国家の発展政策の概念の中に据え，2008 年には循環経済促進法を制定している（Yuan et al, 2006）。

中国の循環経済概念は，3R を中心とする日本の循環型社会概念との共通点も多いが，水資源や石油の節減も含めている。

　これら一連のキーワードは，温室効果ガスの排出の制約や，資源供給の制約の中での経済発展や生活の質の向上のために，資源の利用効率を高めることを中心的な手段に据えている。温室効果ガスの排出そのものに焦点をあてたものではないが，資源の効率的利用というより広範な目標に向けた経済・社会の転換の方向性は，低炭素社会と合致するところが多い。2015 年 6 月のドイツでの G7 エルマウサミットの首脳宣言にも資源効率性の項目が盛り込まれ，資源効率に関する取り組みを共有する G7 アライアンスが発足した。日本は 2016 年の G7 議長国としてこの取り組みを継承，発展させるべき役割を担っており，内外での認知度がどこまで高まるか注目したい。

5-3. インフラとしての低炭素エネルギー生産技術

　低炭素社会への転換において，低炭素のエネルギー供給技術，とくに太陽光発電や風力発電などの再生可能エネルギーによる発電技術に注目が集まっている。従来の発電技術に比べてまだコストが高いとされる中でわが国へも固定価格買い取り制度が導入されたことには，賛否両論があるが，少なくとも，世界的に見れば再生可能エネルギー発電は本格的な普及の段階に入っている。ここで注意すべきは，再生可能エネルギーは，発電段階では GHG を排出しないが，その発電設備の建設には資材が必要であり，ライフサイクルでみれば，GHG 排出量はゼロではないことである。また，太陽光や風力は，時間的な変動が大きいため，導入規模が大きくなれば，蓄電設備の整備など需給調整の仕組みを併せて整備することが必要と考えられる。

　こうした再生可能エネルギーの供給設備は，水力発電のためのダムのように土木分野の範疇であることが明らかなインフラとはやや異質に感じられるが，低炭素社会への転換におけるインフラとしては中核をなすものである。そこで必要とされる資材には，鉄やコンクリートなどの従来からの典型的な土木資材も含まれるが，さまざまな金属元素をはじめ，より多様な資源が必要となる。低炭素社会のインフラ素材，という本稿の表題に照らせば，今後，より重要度を増す課題であることを指摘しておく。

5-4. 緩和策の制度的側面

　本稿では，低炭素社会に向けた緩和策について，素材の焦点をあてながら，主に技術的側面から論じてきた。土木分野の代表的な素材であるセメントや鉄鋼の生産は，いわゆる装置型産業であり，生産段階での効率改善には大規模な投資が必要となる。国際的な分業の中で，素材生産の低炭素化をどのように進めるのが効果的かを論じる上では，制度的な側面からの議論も重要であろう。

　京都議定書の第一約束期間は，削減義務の対象は先進国に限られしかも一部の大排出国が参加しないためにその効果が疑問視されてきた。全ての主要排出国が参加する枠組みの構築が進められている中，インフラ整備のための素材需要の大きい新興経済諸国などに対して，炭素排出量の多い素材の生産段階での排出抑制や，インフラの効率的な整備，さらには運用段階でのエネルギー消費の少ないインフラ構築の支援，技術移転が求められる。これまで実施されてきた国際的な排出削減メカニズムとして，CDM（クリーン開発メカニズム）があり，鉄鋼生産技術でも適用事例があるが，個別の生産技術におけるエネルギーの有効利用を介した排出削減技術の適用だけではなく，インフラの建設・運用・更新のライフサイクル全体を通じた排出削減が可能となるような，パッケージの移転が必要である。対策効果の測定，報告，検証（MRV: Measurement, Reporting, Verification）の可能性，とくに対策を講じない場合（Baseline）との比較可能性という面では，長期のライフサイクルにわたる効果を事前に検証することは原理的に困難であるが，その困難さが長期にわたって効果を発揮する対策の導入のボトルネックとならないような評価方法が必要であろう。

5-5. 低炭素社会におけるインフラ素材の役割

　以上述べてきたように，インフラ素材は低炭素社会と多面的に関わってきている。鉄やセメントに代表されるインフラ素材の生産は CO_2 の重要な排出源であり，それはこれらの生産や利用の工夫によって，大きな削減ポテンシャルを有することを意味する。とりわけ，新興経済諸国や発展途上国におけるインフラ整備の規模や速度を考えれば，素材関連の技術やインフラの維持管理技術が，低炭素社会構築の重要な鍵を握っている。エネルギーや資源を効率的に利用する，賢い「ものづくり」と「ものづかい」が，素材やインフラに携わる技術者に求められているのである。

参考文献

Allwood, J. and Cullen, J.: Sustainable Materials With Both Eyes Open, UIT Cambridge Ltd, 2012.

アジア低炭素社会研究プロジェクト：低炭素アジアに向けた 10 の方策，2012. http://2050.nies. go.jp/file/ten_actions_j.pdf

稲葉陸太，橋本征二，森口祐一：鉄鋼産業におけるプラスチック製容器包装リサイクルの LCA：システム境界の影響，廃棄物学会論文誌，16(6), 467-480, 2005.

IPCC: 2006 IPCC Guidelines for National Greenhouse Gas Inventories, 2006. Available at: http:// www.ipcc-nggip.iges.or.jp/public/2006gl/

IRP (International Resource Panel): Decoupling Natural Resource Use and Environmental Impacts from Economic Growth, 2011. Available at: http://www.unep.org/resourcepanel/ResearchPublications/ AssessmentAreasReports/Decoupling/tabid/133329/Default.aspx

IRP (International Resource Panel): City-level Decoupling: Urban Resource Flows and the Governance of Infrastructure Transitions, 2013. Available at: http://www.unep.org/resourcepanel/Research Publications/AssessmentAreasReports/Cities/tabid/133330/Default.aspx
　（邦訳：「都市レベルのデカップリング　都市における資源フローとインフラ移行のガバ ナンス」，日本語版ファクトシート及び要約版）

IRP (International Resource Panel): Decoupling 2: Technologies, Opportunities and Policy Options, 2014. Available at: http://www.unep.org/resourcepanel/ResearchPublications/AssessmentAreas Reports/Decoupling/tabid/133329/Default.aspx

国土技術政策総合研究所: 社会資本 LCA 用環境負荷原単位一覧表，2012. http://www.nilim. go.jp/lab/dcg/lca/database.htm

森口祐一：震災復興と循環型社会の形成，大西隆，城所哲夫，瀬田史彦（編著），「復興ま ちづくり最前線」，学芸出版社，2013a.

森口祐一：持続可能な資源管理に向けた国際活動の動向，エネルギー・資源，34(6), 357-361, 2013b.

森口祐一：物質フロー研究の発展－学際性，国際性および政策との交互作用－，環境科学 会誌，28(1), 402-406, 2015a.

森口祐一：「際」の再認識と次世代への継承―大災害からの教訓―，廃棄物資源循環学会誌， 26(1), 1-2, 2015b.

Moriguchi, Y. and Hashimoto, S.: Material Flow Analysis and Waste Management: Taking Stock of Industrial Ecology [R. Clift and A. Druckman (eds.)], Springer, forthcoming, 2015.

森口祐一，近藤美則：自動車の地球環境負荷を考える―二酸化炭素排出量のライフサイク ル評価―，金属，93(6), 48-54, 1993.

盛岡通，藤田壮：環境と共生し持続可能な復興まちづくりシステムのあり方―サステイナ ブル・リビルディングの提案を受けて―，土木学会論文集，587(VII-6), 1-14, 1998.

行木美弥，森口祐一：中国とインドにおける鉄鋼需給に関連する温室効果ガス排出の中長

期予測—スクラップの利用可能性と限界—，環境システム研究論文集，41，II.205-II.215，2013.

中央環境審議会：第三次循環型社会形成推進基本計画の進捗状況の第 1 回点検結果について，平成 27 年 2 月，2015.

USGS: Minerals Yearbook Volume I.—Metals and Minerals 2015, Available at: http://minerals.usgs.gov/minerals/pubs/myb.html

Yuan, Z., Bi, J. and Moriguichi, Y.: The Circular Economy: A New Development Strategy in China, Journal of Industrial Ecology, 10(1-2), 4-8, 2006.

5 章

「2℃未満」世界と建設業

1 はじめに

　気候変動の緩和は，21世紀の世界にとって最大の課題である。2015年12月に行われた国連気候変動パリ会議（COP21）では，世界150カ国の首脳が集まり温室効果ガス削減の新たな枠組みについて話し合い，2020年以降の温暖化対策の国際枠組み『パリ協定』を正式に採択した。『パリ協定』の最も大きな特徴は，世界平均気温の上昇を，産業革命前と比較し2℃未満に抑えるという目標を確認し，この目標に向け，全世界が低炭素かつ強じんな開発の道を進むことに対する強い意志を表明したことである。気候変動問題に関しては，現象自体に対する不確定性も払拭されたわけではないが，今や世界は，「2℃未満」目標に向け明確に舵を切ったのである。

　それでは，この「2℃未満」に向け，何を準備しておかなければならないだろうか。よく知られているように，気候変動の対処法には「適応」と「緩和」の二つの対策がある。Adaptation と Mitigation の直訳でありこなれた用語ではないが，要するに，「適応」とは，予想される気候変化に備え，何らかの準備を行い被害を出来るだけ小さくしておこうするものであり，「緩和」とは，温室効果ガスの排出を抑え吸収量を増やすことによって変化自体を緩和する対策である。気温上昇の抑制策としては，その他，地表付近の放射バランスを直接的に制御する対策もあるが，本章では，CO_2などの温室効果ガスの排出抑制を行って「2℃未満」を実現することに話を限定する。

　こうした問題認識に立ち，この「2℃未満」を目標とした緩和策が，世界の建設業に及ぼす影響を論じる。ただし，本章では，話を簡単にするため，建築物や社会インフラ整備に伴い排出されるCO_2を，人々の社会・経済活動を大きく妨げず出来る範囲で最大限抑制することに話を絞り，その削減ポテンシャルを実現させるシナリオを「2℃未満」シナリオと呼ぶことにしておこう。そして，その範囲において，これまで人々は建設事業を通じどれだけCO_2出していたのか，あるいは，これからするのかについて考察を始めよう。

2 構築物の整備と CO_2 排出量

　人類は，これまで営々として建設物を構築し，住居・食糧・水・エネルギー・交通・通信などの要求を満たすべく，建築物やインフラを整備してきた。こうした構築物整備は，セメント・鉄などの資材を生産するところから始まり，それらの運搬，加工・組立て，構築物の維持・管理，さらに廃棄の各段階において温室効果ガスを排出する。また，それらはいったん構築すると，数十年の寿命を持ち，その間，利用スタイルに制限を与え CO_2 の排出を規定してしまう。このように，構築物整備による CO_2 排出と言っても様々な段階のものがあるが，ここでは，話の始めとして構築物の主要な構成材であり大量のエネルギー消費と CO_2 排出を伴うセメントと鉄鋼に注目し，これらの生産段階における CO_2 排出量について試算を行ってみる。構築物整備全体からは，これ以外の段階での排出量もあるから，この試算は下限を示すものと解釈できる。

　この問題について，トロントハイム理工大学の Mueller ら（2013）の行った世界各国のセメント・鉄鋼などの消費量に関する調査・報告から話を始めよう。まず，彼らの報告値を表-1 に示す。

　この調査によれば，2008 年時点で，先進国（彼らの区分では京都議定書付属書 I 国）の構築物に含まれていた素材は，セメントで一人あたり 19.1 トン，鉄鋼で一人あたり 8.4 トンであり，途上国（非付属書 I 国）では，5.9 トン及び 1.3 トンだった。さらに，彼らは 2008 年時点のセメント及び鉄鋼ストックの生産段階での CO_2 排出原単位として，0.8 tCO_2/セメントトン及び 2.94 tCO_2/鉄鋼消費トンと推定する。従って，この 2 材に内包された CO_2 は，先進国で一人あたり 39.9 tCO_2（＝19.1×0.8＋8.4×2.94），途上国で 8.5 tCO_2（＝5.9×0.8＋1.3×2.94）となる。これは，世界総量で 990 億 tCO_2，一人あたり世界平均で 14.8 tCO_2 に相当する。ちなみに，2008 年の一人あたり CO_2 排出量は 4.38 tCO_2（EDMC, 2013）であったから，14.8 tCO_2 とは約 3 年分の排出量である。過去から営々と蓄積してわりには，それほど大きくないと思われるかもしれないが，この話を「2℃未満」目標から見てみると，この感想は次の 3 つの理由から一転する。

　第一の理由は，現在のところ，途上国のストック量が先進国に比べ極めて少な

表-1 構築物に内包された CO_2 量
（構築物に使用したセメント・鉄鋼の生産段階における排出量），2008 年

項目		付属書I国[1]	非付属書I国	世界
人口（10億人）		1.35	5.34	6.69
構築物中のストック量	セメント	25.8	31.3	57.0
（10億トン）	鉄鋼[2]	11.3	6.9	18.2
構築物中のストック量	セメント	19.1	5.9	8.5
（トン／人）	鉄鋼[2]	8.4	1.3	2.7
排出CO_2[3]	セメント	20.6	25.0	45.6
（10億tCO_2）	鉄鋼[2]	33.2	20.2	53.4
	計	53.8	45.2	99.0
排出CO_2	セメント	15.3	4.7	6.8
（tCO_2／人）	鉄鋼[2]	24.6	3.8	8.0
	計	39.9	8.5	14.8

1) 付属書I国とは、OECD＋移行期経済国（旧ソ連、東欧）
2) 鉄鋼消費量のうち77％を構築物投入とした（Muellerら,2013）

3) CO_2の排出原単位は、セメント：0.8 tCO_2／トンセメント、鉄鋼：2.94 tCO_2/ 鉄鋼
消費トンとした

いことである。一人あたりにして鉄で 15%，セメントで 30％程度である。仮に，
先進国レベルが満足できるレベルとすると，今後，途上国は，そのレベルに達す
るまで建設投資を通じ CO_2 を排出し続けるだろうから，その量はかなりになるで
あろう。

　第二は，人口増加である。2050 年人口は約 95 億人と考えられている。2008 年
に比べ 28 億人増であり，この分のインフラ新規整備が必要である。この二つの
理由を組み合わると，現在から 2050 年までの間に構築物整備から排出する CO_2
量は，先進国の一人あたり内包 CO_2 量に 2050 年人口を乗じたものから，今まで
に排出した量を引けばよいから，39.9 tCO_2/人×95 億人—990 億 tCO_2 = 2,800 億 tCO_2
となる。

　第三の理由は，この 2,800 億 tCO_2 が，「2℃未満」目標から見るとバカにならな
い値となることである。IPCC（2014）は，「2℃未満」目標に到達するための 2012
年以降の累積 CO_2 排出量の条件を，表-2 のようにまとめている。すなわち，「2℃
未満」目標を 66％を超える確率で実現させるなら，2012～2050 年の累積 CO_2 排出
量を 10,100 億トン以下にする必要があり，構築物整備から出てくる 2,800 億トン
は，その約 30%にもなるからである。

表-2 「2℃未満」目標を満たすための，2012〜2050年での累積 CO_2 排出量の条件

気温上昇[1]が2℃未満に留まる確率	2012〜2050の期間での累積CO_2排出量[2]（$GtCO_2$[3]）
33%以上	0〜1,410
50%以上	0〜1,120
66%以上	0〜1,010

1) 1861〜1880年の平均からの上昇値。CO_2以外の放射強制力はRCP2.6シナリオ（IPCC,2013）と同等と想定
2) 1861〜2011年の排出量を1,890$GtCO_2$と設定
3) $GtCO_2$とは、二酸化炭素換算で10億トン
IPCC(2013)に記載されている値から計算

　ただ，この見積りには，幾つかの問題点がある。第一は，資材生産段階の排出 CO_2 しか取り上げていないことである。第二は，資材1トンあたりの CO_2 排出原単位（ストック平均）を2008年時点で固定していることである。第三は，構築物整備目標を現在の先進国レベルとし，かつ2050年までに整備を終了すると仮定している点である。第一の点は，排出量見積もりをもっと大きくし，第二の点は，小さくする。第三の点は，状況により大きくも小さくもなる。ただ，この試算が意味する「構築物整備に伴う CO_2 排出量の削減は「2℃未満」目標の成否に大きく係わる」ことに関しては変わりない。

3　CO_2 排出の簡易モデル

　前節では，2050年までの構築物整備に投入する資材生産からの CO_2 排出量を試算し，その量が「2℃未満」目標時の許容排出量に比べバカにならないことを示した。しかし，この試算では，構築物内容については何も触れず，2050年整備レベルを，全世界一律に現状先進国並みとするなど乱暴な設定をおいている。そこで，この話をもう少し丁寧に行うことによって，「2℃未満」目標と建造物整備レベルあるいは建設業の係わりを検討してみよう。

　検討のフレームとしては，茅恒等式（Kaya, 1990）に沿って考えることにする。

これは，社会・経済のマクロ的変化と CO_2 排出量変化の関係を，人口・経済活動度（一人あたりの GDP），エネルギー強度（GDP あたりの一次エネルギー消費量），及び，炭素強度（一次エネルギー1単位を消費するときに排出する CO_2 量）の三要素に分解し，それらの間に成り立つ恒等式をもとに，排出量変化の原因を解釈しようとするものである。本節では，この茅恒等式の考え方を，構築物整備及びその使用からの CO_2 排出に応用しよう。

まず，CO_2 排出量 Q を，資材準備・建設・維持管理・廃棄など構築物に直接的に関係する部分 Q_c と，その構築物を利用する機器・機関から出る部分 Q_o とに分ける。さらに，これらの排出量は，次の5つの変数の積と考える。すなわち，

1) その構築物がサービスを供用する人数，あるいは，その構築物を利用する経済活動量など。以下，ドライビング・フォースと言う。D と記す。
2) その構築物が提供するサービスの大きさ。発電量，輸送トンキロなど。以下，S と記す。
3) Q_c の場合には，そのサービスを供給するのに必要な構築物量。ストック量。以下，C と記す。
4) Q_o の場合には，その利用に伴い消費するエネルギー量。以下，E と記す。
5) CO_2 排出量と，C（構築物ストック量）あるいは E（エネルギー消費量）との比。Q_o/E あるいは Q_c/C。構築物の工学的特性あるいはエネルギーに固有な特性であり，以下，炭素強度と呼ぶ。

であり，これらの変数間には，次の恒等式が成立する。

$$Q_c = D \times \frac{S}{D} \times \frac{C}{S} \times \frac{Q_c}{C}$$

$$Q_o = D \times \frac{S}{D} \times \frac{E}{S} \times \frac{Q_o}{E}$$

(1)

あるいは，CO_2 排出量全体としては，

$$Q = Q_c + Q_o = D \times \frac{S}{D} \times \left(\frac{C}{S} \times \frac{Q_c}{C} + \frac{E}{S} \times \frac{Q_o}{E} \right)$$

(2)

である。上式の右辺第2項 S/D は，ドライビング・フォース1単位あたりのサービ

144

ス量でサービス密度とでも称されるもので，*D* あるいは *S* の大きさよりも，*D* 及び *S* の性質に強く依存する。カッコ内第 1 項の *C/S*，第 2 項の *E/S* も同様であり，これらをそれぞれ構築物密度及びエネルギー強度と称することにする。このように排出量を，スケール要素を表す *D* と，それを排出量に繋げるいくつかの密度・強度要因に分解し，その各々について論じることによって，構築物整備を決定する各要因の役割と，緩和策が及ぼす影響メカニズムの定量的把握を行うことにする。

　このような変化要因の分解法に基づき，主要な構造物である居住用建築物，非居住用建築物，道路・鉄道・発電施設などの社会インフラについて，*D，S，C* の具体的例と，それぞれのサービス密度（*S/D*），構造物密度（*C/S*），炭素強度（*Qc/C*）及びエネルギー強度（*E/S*）を左右させる要因を整理したものを表-3 に示す。

　なお，式(2)は，一つのサービスに対し一種類の構築物で対応させているが，複数の構築物タイプ（例えば発電サービスにおける石炭火力発電設備，石油火力発電設備など）で対応させる場合には，その分担率を組み込む必要が生ずる。式(3)は，その場合の式である。

$$Q = D \times \frac{S}{D} \times \sum_i p_i \cdot \left(\frac{C_i}{S_i} \times \frac{Q_{c,i}}{C_i} + \frac{E_i}{S_i} \times \frac{Q_{o,i}}{E_i} \right) \tag{3}$$

ここで，*i* は構築物タイプを示すサフィックスであり，p_i はその構築物タイプが受け持つサービス分担率を，S_i はその構築物タイプで分担するサービス量すなわち $p_i \cdot S$ を表す。

　このような分解を行うことによって，検討すべき問題は，ここに示した要因それぞれについて，それらが将来どのように変化し，そうした動きを排出量削減に向け，どのように変化させなければいけないかに整理することが出来る。また，建設業の立場からは，要因変化のうち，いくつかは受身的に受け入れざるを得ず，また，いくつかは望ましい方向に変えるよう努力しなければならない，と言うように議論を整理できるようになる。

　本章では，こうした観点から，特に，建設業が積極的に関与すべきと考えられる Q_c を中心に，それらが，1）将来，どの程度の変化が見込まれているのか，2）「2℃未満」目標によって，それらはどう変わるか，3）変える方法としてどんなことが考えられるかについて論じてみよう。

145

表-3 構築物整備に伴う CO₂排出量への影響要因の整理

項目	ドライビング・フォース(D)の例	サービス量(S)の指標例	構築物量(C)の指標例	排出要因に影響を及ぼす要素の例			
				サービス密度 (S/D)	構築物密度 (C/S)	構築物内包炭素強度 (Qc/C)	エネルギー強度 (E/S)
居住用建築物	人口	世帯数	床面積	世帯構成、生活スタイル、住水準、世帯所得、サービスの質、建築構造、住宅価格・地価	サービススタイル、整備居住数	サービスの質、資材の構成、資材生産法、材質、工法、外部条件	生活スタイル、設備機器効率、外皮省エネ性能、気候
非居住用建築物	人口、取引量、付加価値など	生産額/売上/利用人数など	床面積	業種、業務形態	サービスの質、建築構造	サービスの質、資材の構成、資材生産法、材質、工法、外部条件	業務スタイル、設備機器効率、省エネ性能、気候
道路・鉄道・発電	人口、国内(地域内)総生産量など	利用人数、整備面積、施設面積、発電量、輸送量、輸送トンキロなど	床面積、管路長、路線キロ、軌道キロ、発電設備能力など	国民所得、産業構造、都市構造、インフラ整備水準、気候など	サービスの質、占有率、混雑率、乗車効率、安全係数	サービスの質、資材の構成、資材生産法、材質、工法、外部条件	利用スタイル、設備機器、利用機関効率、設備効率

5 「2℃未満」世界と建設業

4 建築物の整備

IEA（2013）は，建築物整備について次のように見積もっている。まず，居住用建築物需要のドライビング・フォースを人口変化とすれば，これは2010〜2050年の40年間に70億人から95億人に増大するであろう。また，世帯あたりの人数は減少し，現在の3.7が3程度となる。これらの数値をもとに2050年までの世帯の純増数を求める約13億世帯となる。2050年時点の世帯あたりの床面積を先進国で134m²（2010年は124m²），途上国で83m²（2010年は77m²）とすると，世帯純増分だけでも1,100億m²の住居用床面積整備が必要となる。非居住用建築物に関しても，国内総生産をドライビング・フォースとして同様の計算を行ってみると約250億m²の業務用床面積が追加的に必要となり，その他，既存世帯の居住面積水準向上なども考え，居住用・非居住用の整備面積を計算してみると1,509億m²となる。

この1,509億m²は純増分であり，総建設量はこれに現状ストックの建替分を加えないといけない。建築時期・寿命等を考慮しこれらの出入りを計算してみると表-4になった（IEA，2013）。

現状ストック分を減耗と新造に分けると，減耗分は現状ストック2,055億m²の37%である756億m²，新造分はそれと新規需要分1,509億m²を合わせた2,265億m²となる。2,265億m²のうち80%弱は途上国（非OECD）が占める。この構築に伴うCO₂排出は，建築物（外皮）の内包エネルギー強度（E/C）を10GJ/m²（Rickwoodら（2007）のレビューでは6.21〜14.1 GJ/m²の範囲），エネルギー炭素

表-4 2010〜2050年における建築物床面積の増減

(10億m²)

	2010年ストック	2010〜2049			2050年ストック
		継続使用	減耗	新造	
OECD	79.7	57.3	22.4	54.8	112.1
非OECD	125.8	72.6	53.2	171.7	244.3
世界	205.5	129.9	75.6	226.5	356.4

147

強度（Q_c/E）を 0.07tCO$_2$/GJ とすると，2,265 億 m^2×10GJ/m^2×0.07tCO$_2$/GJ＝1,600 億 tCO$_2$ となる。これは，前節で試算した構築物（建築物＋社会・経済インフラ）からの量 2,800 億 tCO$_2$ の 60%弱となる。

　それでは，これを抑制する方法には何があるか。式(1)に従って検討を進めることにする。まず，右辺第一項のドライビング・フォースである人口あるいは経済活動については動かすことは考えないとしよう。残るは 1）サービス密度（S/D，居住用建築物で言えば世帯あたり人数の逆数），2）構築物密度（C/S，世帯あたり床面積あるいは総生産あたり床面積），3）1m^2 あたりの内包炭素量（Q_c/S），である。そこで，まずこれらの将来変化の原因から検討を始めてみよう。1）に関し，2010〜2050 年にかけてのもっとも大きな変化要因は，家族規模の縮小化である。すでに述べたように，2050 年までの 40 年間で，世帯あたり人数は 3.7 人から 3.0 人となる。人口だけなら 35%増で済むところが世帯にすると 67%増になってしまう。人口増が小さい中国・インドなどアジア地域の場合でも，人口のみなら 23%増だが，世帯あたり人数が 30%（4.2 人が 3.0 人に）も減少するため，世帯数としては世界平均の 67%増と同じレベルになってしまう。2）に関しては，経済発展に伴う居住面積水準向上がある。現在，途上国（非 OECD）の一世帯あたり居住用床面積は 77m^2 程度で先進国（OECD）の 124m^2 に比べかなり隔たりがあり，今後，この格差が縮まることは十分予想できる。もっとも，世帯人数減少は，世帯あたり床面積の伸びを小さくする可能性を開く。3）の Q_c/S の観点からも，世帯縮小化は排出量抑制の一つのポイントとなる。集合住宅率を上げ 1m^2 あたりの内包エネルギーを低減させたり，HEMS などエネルギー管理強化策の導入可能性を高めるきっかけにできるかもしれないからである。ただし，高密度住宅は必ずしも低 CO$_2$ 化につながらない。建築物の高層化は，構造強化のための内包エネルギー増をもたらすからである。Treloar ら（2000, 2001）は，1 戸建てと，3 階，7 階，15 階及び 52 階の集合住宅を比較し，内包エネルギー密度（床面積あたりの内包エネルギー）を 1：0.95：1.2：1.6：1.9 と報告している。ただ，これは資材の強度及び内包エネルギー密度，建築物の寿命などに依存し，何が適正な低炭素建築物かは，技術進歩により刻々と変化することにも注意しなければならない。

　一方，IEA（2012）は，鉄鋼，セメントを生産するときの内包炭素強度（資材量あたりの CO$_2$ 排出量）を，2050 年までに大きく低減することが可能であると言

う。彼らが設定した「2℃未満」目標シナリオでは，2012 年フローベースで 1.65 tCO_2/粗鋼トン（OECD のみでは約 1 tCO_2/粗鋼トン）であったものを，2050 年には 0.64 tCO_2/粗鋼トン（OECD のみでは 0.3 tCO_2/粗鋼トン）まで落とす。改善の 8 割は，エネルギーの低炭素化で，残りが省エネでプロセス蒸気，天然ガス使用の直接還元及び電炉ルートの製鋼などの活用を考えている。第 2 節で引用した Mueller ら（2013）の 2.94 CO_2/鉄鋼消費トン（2008 年ストックベース）に比べると，かなりの削減が期待できる。セメントも同様で 2012 年でのフローベース 0.6 tCO_2/トンセメントを，2050 年には 0.38 tCO_2/トンセメントまで低減可能と考えており，これも Mueller ら（2013）の 2008 年ストックベースの 0.8 tCO_2/トンセメントと比べると，大きな削減を期待できることになる。

　一方，建築物運用時の CO_2 排出量（式(1)の Q_o）についてはどうか。建築物関連のエネルギー消費用途には，大別し，暖・冷房，給湯，厨房，動力等がある。そのうち，建築物自体と密接な関係を持つのは，暖・冷房であり，この部分によるエネルギー消費量は，OECD 諸国で 50%程度（日本は 30%弱で先進国としては例外的に少ない），それ以外の国で 20%程度となっている（IEA，2013）。床面積あたりの暖・冷房エネルギーは，壁，床，窓，ドア及び屋根などの断熱性・気密性及び日射遮断性などの外皮性能に影響を受け，大半の OECD 諸国では住宅省エネ基準の適合義務化（日本は自主規定）を行うなど様々な努力を行ってきた。IEA（2013）による試算では，こうした外皮性能強化によるエネルギー削減量は，「2℃未満」目標を想定した削減策の場合，2010〜2050 年の累積で 128EJ（EJ はエネルギーの単位でエクサジュール，エクサは 10^{18}）で，機器改善による省エネ化を合算した削減量である 905EJ の 14%，家庭・業務部門の年間消費量である 119EJ/年（2012 年，IEA（2015）による）とほぼ同じと言う。この外皮性能強化に要する費用を見積もると 4.44 兆米ドル（IEA，2013）となり，したがって平均削減費用は 35 米ドル/GJ（＝4.4 兆米ドル/128EJ）となる。これは，例えば電力原価を 20 円/kwh（=約 45 米ドル/GJ）とすると，それよりも小さい。すなわち外皮性能強化による省エネは経済的にもメリットある対策ということになる。

5 交通インフラの整備

　交通部門からの排出量は，2012 年で約 70 億 tCO_2 でありエネルギー起源排出量の 20%を占めていた（IEA，2015）。しかし，式(2)的な見方をすると，これは運用部分である Q_o のみの値であり，Q_C 分である道路・港湾・空港整備や車両生産・廃棄などにより排出する分は入っていない。この通常，無視している Q_C からの排出量はバカにならない量であり，燃費改善が著しい最近においては特にそうである。Chester ら（2009）がトヨタ・カムリ（セダン）など 2005 年に米国で販売台数が多かった乗用車を対象として解析したところ，その割合は，交通インフラ整備分で 34%，車両生産分で 40%，走行燃料分で 26%となったと報告している。こうした値は，報告によってかなりばらつくが，例えば最近の IPCC（2014）に引用された排出原単位をまとめたものを表-5 に示す。インフラ整備分の割合はChester らが言うほどは大きくないが，それでもかなりの割合を占めている。

表-5 交通部門からの温室効果ガス排出原単位

輸送機関	インフラ整備分	車両走行分			
		2010年ストック		2030年リクルート分	
		原単位	備考	原単位	備考
旅客輸送（gCO_2eq/人キロ）					
道路					
中型スポーツ車		160-250		70-120	ガソリンハイブリッド
中型普通車	17-45	130-200		25-30	電気、電力原単位を200gCO_2eq/kWhとしたとき
自動二輪		30-60			
バス	3-17	25-40	ディーゼル		
航空	5-9	80-220		43-63	ナローボディ（内部通路が1つ）機
鉄道	3-11	15-25	電気、電力原単位を600gCO_2eq/kWhとしたとき		
貨物輸送（gCO_2eq/トンキロ）					
道路					
中型貨物車		280-480		160-275	ディーゼル
大型貨物車		90-180		20-40	50／50バイオディーゼル
航空		550-740		270-400	オープンローターエンジン
鉄道		6-33	電気、電力原単位を600gCO_2eq/kWhとしたとき		
		30	ディーゼル		
海運		10-40		10	最適コンテナ船

IPCC（2014）第8章に引用された数値をまとめたもの

5 「2℃未満」世界と建設業

本節では，この交通インフラ整備分を中心に，その将来見通しと排出削減可能性について，同様な検討を行っている Dulac（2013），IEA（2014a，2015）などの結果を参照しながら論じてみよう。

2050年の交通需要と交通インフラ整備量

建築物のときもそうであったが，緩和策の交通インフラ整備への影響を論ずるには，将来の交通インフラ整備量とその内容が，緩和策によってどう変わるかの考察が基本となる。つまり，まず考えるべきは，まず将来の交通インフラ整備量であり，それは交通需要量に依存するから，話はこの交通需要量（S，年あたりの人キロ）を式(1)に基づいて推計することから始まる。

まず旅客輸送の場合を考える，D（ドライビングフォース）として人口を，S/Dとして一人あたりの輸送量を考える。2050年人口がほぼ95億人と想定されているのは既に述べた。一人あたりの旅客輸送量（人キロ/（人・年），平均年間移動距離）は，現在，OECD諸国で15,000人キロ/（人・年），その他国で4,000人キロ/（人・年）程度である。そのうち，ほぼ半分は乗用車・貨物乗用車が担っているが，途上国を中心とした車普及はこれらの国での平均移動距離を押し上げ，2050年で8,000人キロ/（人・年）程度，つまり，現在の約二倍程度まで伸ばすと考えられている（IEA，2014a）。ただし，これでも現在のOECD諸国の半分である。OECD諸国の1人あたり年間移動距離には大きな変化がないとし，これらの想定から2050年旅客輸送量（人キロ）を計算してみると，現在の約2倍（90兆人キロ/年）となる。

貨物輸送量は，財・サービスの生産や流通などから決める。2010～2050年の経済成長率を，OECD諸国で年2%程度，非OECD諸国で年4%程度とすると，2050年のGDPは2010年の3.4倍となる。現在，OECD諸国ではGDP1米ドルあたり0.2トンキロ，非OECD諸国で0.3トンキロの貨物輸送が発生している。将来，これらが経済のサービス化やロジスティックス合理化などにより低減し，世界平均で0.17トンキロ程度（OECDで0.15トンキロ/米ドル，非OECDで0.18トンキロ/米ドル，IEA2014aの想定）に収束するとして貨物輸送量の変化を求めると，世界全体で2050年には2010年の2.3倍（OECD諸国で1.6倍，非OECD諸国で2.8倍，世界全体で約43兆トンキロ）となる。

151

2010 年にて，旅客輸送人キロの半分を乗用車・貨物乗用車が担っていることは既に述べたが，残りのうち 30%はバス及びミニバスが担い，航空機は 10%，バイクと鉄道が残りを半分ずつ分けている。そこで，「なりゆき」として，今後，航空機・鉄道分担率に大きな変化はなく，非 OECD 諸国の乗用車・貨物乗用車普及は，バスのシェアを食うものの道路全体が受け持つ分担率には大きな変化はないと想定してみる。Dulac（2013）は，こうした仮定に立って，2050 年の道路整備量を，おおよそ次のように試算している。

　まず，車線キロベースの道路整備量（舗装道路のみを考える，式(1)の C に相当）として，構築物密度（混雑の程度に相当）を現状に保つと考え，人キロベースあるいはトンキロベースの輸送量増加と比例した整備を行うことを考えてみる。しかし，この想定で計算してみると，道路整備能力がついていけなかったり，面積あたりの道路長（車線キロ/km²）があまりも過密となる地域が発生しまう。例えば，現状の車線キロ/台キロを保ちつつ，交通需要量の増加に比例した道路整備を行おうとすると，地域によっては 5 倍以上の年間工事能力増強が必要となる。そこで，現在，道路密度も整備能力も低い地域は増強するが，先進国・中国・インドに関してはこれまでの実績程度の車線キロ整備速度を制約条件として与え，車線キロ/km² に関しては最大値を日本なみとする制約条件を与え計算してみると，2050 年時点の道路長は全世界で 6,800 万車線キロ km，すなわち 2010 年の 6 割増となった。つまり道路輸送量が二倍となるのに対し，制約条件から道路長は 6 割しか伸ばせていない。現状に比べ，道路混雑度（台キロ/車線キロ）が大変大きくなってしまうシナリオであり，例えば，OECD 地域では 492（×10³ 台キロ/車線キロ，2010 年）が 496（2050 年）とほとんど変わらないものの，中国では 337 が 767 に，インドでは 131 が 843 となってしまう。実際には，道路建設能力増強とか交通需要マネジメントの本格的導入が始まるのだろうが，気候緩和を想定しない「なりゆき」シナリオの道路整備量としては，ひとまず，Dulac（2013）が行ったこの値を採用しておくことにする。

　道路輸送の中で注目すべきものに，バス高速輸送システム（BRT）がある。2010 年までに 2,200 車線キロ，2015 年には 194 都市，5100 車線キロ（ALC-BRT，2015）が整備されている。温暖化緩和からはもっともっと伸ばしたいところだが，2010 年時の計画・建設量は 620 車線キロ（Dulac，2013）程度であり，「なりゆき」シ

ナリオとしてこの値とする。

　自動車の増加に従い駐車場も必要となり，その整備もばかにならない。現在の日本やヨーロッパなみの駐車場面積とするなら一台で 30m^2（一か所 15m^2 が二ヶ所），米国・オーストラリアなみにするなら 64m^2（一か所 18m^2 が三ケ所）が必要となる。2050 年の約 17 億台（一人あたり GDP 変化及び人口増から計算した普通乗用車及び貨物乗用車の数，「なりゆき」シナリオ）を駐車させるには，米国なみなら 11 万 km^2，日本なみなら 5 万 km^2 が必要となるが，Dulac（2013）は地域毎の特性を考え詳細な計算を行ない，7.6 万 km^2 としている。

　鉄道軌道キロの変化も，道路と同じように分担する人キロ及びトンキロと，年あたりの整備可能量・軌道密度（面積あたりの軌道キロ）などの制約により推計できる。2010 年の輸送量は約 44 兆人キロであり，全旅客輸送中の分担率は人キロベースで 7%であった。特段の政策誘導がなく従って分担率変化もほとんど期待できない場合を「なりゆき」とし，道路の時と同様の制約条件を入れて計算してみると 2010 年時点の約 100 万軌道キロは，2050 年には 132 万軌道キロとなり，これを「なりゆき」シナリオとする。

　新幹線，ICE（Intercity-Express），TGV と言った高速鉄道（HSR）は，低炭素かつ大量輸送機関として期待されている交通手段である。2010 時点で鉄道輸送の7%を分担し，12 ヶ国 4.5 万軌道キロが運行あるいは計画されているので，これを2050 年までに実現することを「なりゆき」シナリオとしておこう。ただ，この値はかなり控えめで，UIC（2014）によれば，2015 年時点で，2.3 万軌道キロの運行と 3.2 万軌道キロの建設・計画が行われており，順調にいけばまもなく「なりゆき」を超えることが出来る値である。

「2°C 未満」目標の効果

　それでは，こうした交通インフラ整備シナリオは，気候緩和政策によってどの程度動かせるものなのか？

　まず，式(2)の S/D 項に関連し，これまで，コンパクト・シティー，スマートな都市開発などが提唱されてきた。これらはトリップ長の短縮，公共交通分担率増加などを通じ，人キロ，トンキロの削減に繋げようとするものであり，それを目指し世界中の多くの都市で様々な提案と政策が行われてきた（IPCC，2014）。米

国を対象とした報告（National Research Council, 2009）では，居住地域の人口密度倍増は，短期的に台キロを 5〜12%削減し，土地利用・雇用・乗継などの対策と組み合わせることによって，長期的には 25%の削減にもなると言う。一方，現状の都市とりわけ途上国の都市では，"edge city" 効果などもあって，今後 30 年の間で人口は 2 倍になるが都市面積は 3 倍になるとの推計も報告されている（Arnoldら，2010）。こうした中で，いかに都市コンパクト化・スマート化を主流化し，しかもそのメリットを効果的に引き出すかについては課題点も多々残っている（Melia, 2011）。こうした状況を反映し，2050 年時点の S/D 削減効果として，IEAはせいぜい 5%（IEA, 2014a）あるいは 10%（IEA, 2015）程度としている。

　交通機関間の人キロベースの分担について，「なりゆき」シナリオでは，乗用車・貨物乗用車の普及増が，そのまま道路交通量増に直結すると考えた。それに対し IEA（2015）では，2010 年のバス・ミニバス分担率（17%及び 10%）を将来も同じ水準に保たせ，鉄道については現状の 7%を二倍の 14%まで引き上げることが可能であると考えている。ただし，これらの煽りを受け，バイクは 4.5%にまで落ち，航空輸送には大きな変更が無いと考えている。結果的に乗用車・貨物乗用車の分担率は，「なりゆき」で 56%だったものが 44%となると考えている。このような機関分担率の変更を考慮し，前節に述べたインフラ整備量計算をやり直すと，道路車線キロは 15%減少，鉄道軌道キロは 15%増となり，これを最大限の温暖化対策を行ったときの効果と考えた。

　駐車場面積について，「なりゆき」の台数でも，日本なみの駐車面積水準にすれば5万km²でよいことは既にのべたが，これを「2℃未満」目標の値とする。車体小型化と適切な駐車場政策を行うことを想定したシナリオである。しかるに気候緩和政策を行うときには，自動車輸送量（人キロベース）を抑制し，さらに乗車率（人キロ/台キロ）の改善も行うであろうから，輸送需要の面から考えると車台数は「なりゆき」に比べ少なくてよく，従って駐車場面積ももっと少なくてよいはずである。しかるに台数増加は途上国の所得増加を主推進力とするもので，台キロベースの輸送需要量の抑制を行っても，台数にはそれほど影響を及ぼさない可能性が高い。その結果，自動車稼働率（台キロ/台）は低下し，車はより多くの時間を駐車場で過ごすことになる。この傾向は，気候変動緩和政策に限らず，現在の先進国においてもそうで，例えば英国では走行時間と駐車時間の割合は

4：96と報告されており（Batesら，2012），途上国においても多かれ少なかれこうなることが予想される。

　BRT 及び HSR も，それらの大量輸送能力と低炭素性を期待し目いっぱい普及させることを考える。2010 年現在，BRT はバス輸送量の 0.5％を分担しているが，2050 年では 5％の 5,000 億人キロを担わせる。そのため，一台あたり乗客数 100 人のバスを路線キロあたり 2.5 台運行するとして 2,000 万路線キロを整備する。HSR には，鉄道の旅客輸送量 11 兆人キロの 30％（日本は現在 20％程度）を受け持たせ，これまでの実績である 2,500 万人キロ/軌道キロで運用するとして，13 万軌道キロを整備する。

　これらの対策に加え，どのモードでも走行単体の乗車効率改善とか燃費改善（式(2)の E/S 項に対応）を行うことを想定する。燃費改善効果で，IPCC（2014）は 30〜50％，IEA（2014a，2015）は 50％程度削減を見込めると言う。さらにエネルギー炭素強度（式(2)の Q_o/E 項に対応）で 25〜40％（IPCC，2014）あるいは 25％（IEA，2015）の削減が可能としている。従って，式(1)の関係を使えば，車両運行からの CO_2 発生量 Q_o の変化倍率（気候変動緩和時と「なりゆき」の比）は次のようになる。

$$Q_o \text{の変化倍率} = S\!\!\!/\!\!\!_D \text{の変化倍率} \times E\!\!\!/\!\!\!_S \text{の変化倍率} \times Q_o\!\!\!/\!\!\!_E \text{の変化倍率}$$
$$= \left[1 - (0.05 \text{〜} 0.1)\right] \times \left[1 - (0.3 \text{〜} 0.5)\right] \times \left[1 - (0.25 \text{〜} 0.4)\right] \tag{4}$$
$$= 0.27 \text{〜} 0.5$$

すなわち，「なりゆき」シナリオに比べ気候変動緩和政策を目一杯行うときには，50〜73％の削減が可能となる。

　一方，インフラ整備関係に関しては，表-6 にこれまでの検討で得られた諸値を一覧する。「なりゆき」と気候変動緩和政策を目一杯行うときの「2℃未満」を比較すると，「2℃未満」では車使用の抑制と適切な駐車場政策を行うことによって，1,000 万車線キロの道路と 2.7 万 km^2 の駐車場がいらなくなる。一方，鉄道は 20 万軌道キロの増，BRT は 2 万車線キロ，HSR は 9 万軌道キロの増加となる。表-6 には，建設・改修・維持管理込み，時間的割引なしのときの，2010〜2050 年の期間にかかる累積費用も記載している。「なりゆき」で 120 兆米ドル，「2℃未満」で

155

100 兆米ドル要ることになり，「2℃未満」の方が 20 兆米ドル安くなっている。

なお，これらの値は，交通インフラへの影響を見積もったものである。自動車交通の抑制と小型化は，自動車生産費用の減少につながり，機関分担率の変更や燃費改良はバス・鉄道車両生産台数の増加と燃料費用の減少につながる。IEA（2012）はこれらをも含んだ試算を行っているが，「2℃未満」対応に伴う費用変化は，インフラ整備費 20 兆米ドル減に加えて，自動車生産に関しては省エネ機能増強の費用増を考慮しても 10 兆米ドル減，燃料費は石油消費減からその他燃料の費用増を引いた 40 米兆ドルの減となり，合計 70 米兆ドルの費用減となっている。ちなみに，燃料転換に伴う天然ガス，電気，水素などの供給ステーション整備費用 4,500 億米ドル（IEA，2014b）は燃料費用増の項に含めている。

5 「2℃未満」世界と建設業

表-6 「なりゆき」シナリオと「2℃未満」目標シナリオにおける交通インフラ整備量

設備量

項目	単位	世界 2010	世界 2050「なりゆき」	世界 2050「2℃未満」	世界 シナリオ間の差	OECD 2010	OECD 2050「なりゆき」	OECD 2050「2℃未満」	OECD シナリオ間の差	非OECD 2010	非OECD 2050「なりゆき」	非OECD 2050「2℃未満」	非OECD シナリオ間の差
舗装道路	1000車線キロ	42,400	67,700	57,200	-10,500	23,400	26,700	22,900	-3,800	19,000	41,000	34,300	-6,700
BRT		2.2	2.8	25.7	22.9	0.9	1.2	3.3	2.1	1.3	1.7	22.4	20.7
鉄道	1000軌道キロ	989	1,323	1,523	200	519	655	729	74	470	668	794	126
HSR	キロ	16	45	133	88	10	21	44	23	6	24	89	65
駐車場	km²	32,000	76,400	49,600	-26,800	25,300	30,000	19,300	-10,700	6,700	46,400	30,300	-16,100

2011年から2050年の間の累積整備費用

項目	単位	世界「なりゆき」	世界「2℃未満」	世界 シナリオ間の差	OECD「なりゆき」	OECD「2℃未満」	OECD シナリオ間の差	非OECD「なりゆき」	非OECD「2℃未満」	非OECD シナリオ間の差
舗装道路		75,400	60,800	-14,600	29,600	24,100	-5,500	45,800	36,700	-9,100
BRT		48	406	358	27	84	57	21	322	301
鉄道	10億米ドル	7,800	9,100	1,300	4,100	4,600	500	3,700	4,500	800
HSR		1,400	4,100	2,700	580	1,300	720	820	2,800	1,980
駐車場		33,600	23,800	-9,800	18,900	13,600	-5,300	14,700	10,200	-4,500
計		118,248	98,206	-20,042	53,207	43,684	-9,523	65,041	54,522	-10,519

Dulac(2013)の計算結果をもとに作成

6 「2℃未満」目標が構造物整備に及ぼす影響

　以上述べてきた建築物及び道路・鉄道に加え，気候変動緩和策の影響が大きい構築物として発電設備がある。そこで，本節では発電設備を含めたこの 3 部門での構築物整備シナリオについて，前節での説明と第 2 節で説明した簡易モデルを用い統一的に整理してみよう。

　そのため，第 2 節の簡易モデルにて構築物量に関係するのみを取り出すと次の式(5)となる。

$$C_i = D \times \frac{S}{D} \times p_i \times \frac{C_i}{S_i} \tag{5}$$

まず，この式を，気候変動抑制を特段考慮しない場合の 2050 年の状態，すなわち 2050 年「なりゆき」シナリオにあてはめ，2010 年の状態との比を取ってみる。

$$r_{C_i} = \frac{C_i(2050年)}{C_i(2010年)} = \frac{D(2050年)}{D(2010年)} \times \frac{S/D(2050年)}{S/D(2010年)} \times \frac{p_i(2050年)}{p_i(2010年)} \times \frac{C_i/S_i(2050年)}{C_i/S_i(2010年)} \tag{6}$$
$$= r_D \times r_{S/D} \times r_{p_i} \times r_{C_i/S_i}$$

ここで r_{C_i} とは，2050 年「なりゆき」の C_i と 2010 年の C_i の比，すなわち，両年間の変化倍率である。他の r も同様でサフィックスで示す指標の変化倍率を示す。

　さて，これらの式を 3 部門構築物にあてはめるには，ドライビング・フォース，サービス量，構築物量を示す指標を決めておかなければならないが，表-7 に示すものを使うことにする。

　このような準備の後，式(5)あるいは式(6)に含まれている変数の値を整理したものを表-8 に一覧する。表の左半分は 2010 年値であり，右半分は 2010～2050 年の期間の変化倍率（2050 年値/2010 年値）である。居住用建築物の場合，表左半分から 2010 年の人口 70.1 億人（D，列 1），一人あたり世帯数 0.27（すなわち世帯あたり 1/0.27=3.7 人，S/D，列 2），100%の世帯が居住用建築物に住み（p，列 3），世帯あたり床面積は 89.02m²（C/S，列 4）と想定している。その結果，構築物量

158

5 「2℃未満」世界と建設業

表-7 構築物需要量の推計を行うのに使用した指標

項目		ドライビング・フォース(D)	サービス量(S)	構築物量(C)
建築物	居住用	人口 （10億人）	世帯数 （10億世帯）	床面積 （10億㎡）
	非居住用	人口 （10億人）	世界総生産 （兆米ドル）	床面積 （10億㎡）
道路整備 鉄道整備	旅客輸送	人口 （10億人）	旅客輸送量 （兆人キロ）	道路長 （10^6車線キロ）
	貨物輸送	世界総生産 （兆米ドル）	貨物輸送量 （兆トンキロ）	線路長 （10^6軌道キロ）
発電設備	火力	世界総生産 （兆米ドル）	電力供給量 （PWh）	発電設備能力 （TW）
	原子力			
	再生エネ			

は列 1×列 2×列 3×列 4＝1,679 億 m²（C, 列 5）となる。また，表右半分から，2010 年構築物量の 1,679 億 m²（列 5）は，2050 年にかけての人口変化（r_D, 列 6），サービス密度変化（$r_{S/D}$, 列 7），サービス分担率変化（r_p, 列 8），構造物密度変化（$r_{C/S}$, 列 9）の影響を受け，列 5×列 6×列 7×列 8×列 9＝2,938 億 m²（C, 列 10）となることがわかる。列 7 が世帯縮小化の，列 9 が居住水準向上を反映したものであることは既に述べた。非住居用建築物，道路整備，鉄道整備についても同様で，非住居用建築物では $r_{S/D}$ は大きいが $r_{C/S}$ が小さくなるため相殺され，結局，一人あたり床面積では 1.24（=2.53×0.49）倍に，床面積自体としてはこれに人口増を考慮した 1.66 倍となっている。道路整備及び鉄道整備では，旅客輸送あるいは貨物輸送の違いにより変化原因は異なるものの，人キロ及びトンキロでおおよそ 2 倍強（旅客輸送で 1.35×1.52=2.05，貨物輸送で 3.42×0.68=2.33）となり，分担率には大きい変化は無く，道路・軌道ともにある程度の利用効率向上が可能と見積もり，道路長で 67.7×10^6 車線キロ，線路長で 1.32×10^6 軌道キロを「なりゆき」と考えている。

発電設備については，2010 年の発電量 21.4PWh を 2.2 倍（＝3.42×0.652）の 47.7PWh とし，現在の低炭素エネルギー比率 33%（総発電量中に原子力＋再生エネ＋CCS（CO_2 回収貯留）付き火力が占める割合，出力ベース）を大きく変化させないというシナリオを「なりゆき」と想定している。表-9 に要因別の構築物量変化の主要な理由を，その大きさとともに一覧する。

| **159**

表-8 2050年「なりゆき」シナリオにおける構築物量変化の要因別内訳（対2010年）

項目		2010年					2010年～2050年の間の変化				2050年	主な参考文献
		ドライビング・フォース(D)	サービス密度(S/D)	サービス分担率(p)	構築物密度(I/S)	構築物量(C')	ドライビング・フォース(r_D)	サービス密度(r_SD)	サービス分担率(r_p)	構築物密度(r_IS)	構築物量(C')	
		1	2	3	4	5	6	7	8	9	10	
建築物	居住用	7.01 (10億人)	0.27 (世帯/人)	100%	89.02 (㎡/世帯)	167.9 (10億㎡)	134.8%	124.3%	100%	104.5%	293.8 (10億㎡)	IEA (2013)
	非居住用	7.01 (10億人)	10.57 (10³米ドル/人)	100%	0.507 (㎡/10³米ドル)	37.6 (10億㎡)	134.8%	253.4%	100%	48.7%	62.5 (10億㎡)	
道路整備	旅客輸送	7.01 (10億人)	6.23 (10³人キロ/人)	75.0%	1.29 (10⁻⁶車線キロ/人キロ)	42.4 (10⁶車線キロ)	134.8%	151.5%	97.3%	80.3%	67.70 (10⁶車線キロ)	Dulac(2013) IEA (2014a)
	貨物輸送	74.11 (兆米ドル)	0.250 (トンキロ/米ドル)	32.6%	7.02 (10⁻⁶車線キロ/トンキロ)		341.6%	67.5%	106.0%	65.3%		
鉄道整備	旅客輸送	7.01 (10億人)	6.23 (10³人キロ/人)	7.0%	2.27 (10⁻⁶軌道キロ/人キロ)	0.989 (10⁶軌道キロ)	134.8%	151.5%	114.3%	57.3%	1.32 (10⁶軌道キロ)	Dulac(2013) IEA (2014a)
	貨物輸送	74.11 (兆米ドル)	0.250 (トンキロ/米ドル)	34.0%	11.64 (10⁻⁶軌道キロ/トンキロ)		341.6%	67.5%	94.5%	61.4%		
発電設備	火力	74.11 (兆米ドル)	0.289 (kWh/米ドル)	67.5%	0.238 (W/kWh)	3.44 (TW)	341.6%	65.2%	96.9%	90.0%	6.68 (TW)	IEA (2015)
	原子力			12.9%	0.143 (W/kWh)	0.394 (TW)			53.6%	94.4%	0.44 (TW)	
	再生エネ			19.6%	0.322	1.35			141.1%	99.7%	4.24	

表-9 2050年「なりゆき」シナリオにおける構築物量変化の要因別理由（対2010年比）

項目		要因別の2050年「なりゆき」シナリオでの構築物量増加率、対2010年比				
		ドライビング・フォース (r_D)	サービス密度 (r_{SD})	サービス分担率 (r_P)	構築物密度 (r_{CS})	構築物量 (C)
建築物	居住用	人口増 34.8%	世帯縮小化 24.3%		居住水準向上 4.5%	建物面積増 175.1%
	非居住用	人口増 34.8%	1人あたり経済活動増加 153.4%		活動あたり床面積減少 -51.3%	建物面積増加 166.4%
道路整備	旅客輸送	人口増 34.8%	1人あたり交通量増加 51.5%	鉄道へのシフト -2.7%	ITS、道路網効率化 -19.7%	道路量増加 59.7%
	貨物輸送	経済活動増加 241.6%	経済活動あたり貨物輸送量減少 -33%	車輸送へのシフト 6.0%	ロジスティックス効率化 -34.7%	
鉄道整備	旅客輸送	人口増 34.8%	1人あたり交通量増加 51.5%	鉄道へのシフト 14.3%	鉄道網効率化 -42.7%	鉄路量増加 33.5%
	貨物輸送	経済活動増加 241.6%	経済活動あたりの貨物輸送量減少 -32.5%	車輸送へのシフト -5.5%	ロジスティックス効率化 -38.6%	
発電設備	火力	経済活動増加 241.6%	省エネ促進 -34.8%	発電ミックス変化 -3.1%	稼働率向上 -10.0%	発電容量増加 194.2%
	原子力			-46.4%	-5.6%	112.7%
	再生エネ			41.1%	-0.3%	313.3%

表-10 2050年における「なりゆき」シナリオと「2℃未満」目標シナリオの構築物量の差の要因

項目		「なりゆき」構築物量 (C)	「2℃未満」と「なりゆき」の比較			「2℃未満」構築物量 (C)	主な参考文献
			サービス密度 (r_{SD})	サービス分担率 (r_P)	構築物密度 (r_{CS})		
		1	2	3	4	5	
道路整備	旅客輸送	67.70 (10⁶車線キロ)	95.7%	97.3%	90.7%	57.20 (10⁶車線キロ)	Dulac(2013) IEA (2014a)
	貨物輸送		100.0%	84.5%	99.9%		
鉄道整備	旅客輸送	1.32 (10⁶軌道キロ)	95.7%	175.0%	68.7%	1.52 (10⁶軌道キロ)	Dulac(2013) IEA (2014a)
	貨物輸送		100.0%	127.5%	90.3%		
発電設備	火力	6.68	83.6%	30.3%	175.7%	2.97 (TW)	IEA (2015)
	原子力	0.44 (TW)		247.4%	100.4%	0.92 (TW)	
	再生エネ	4.24		227.8%	109.6%	8.85	

　それでは，この「なりゆき」シナリオが「2℃未満」によってどう変わるかを，上と同様に，式(6)に従って要因分解したのが，表-10である。ただし，表-8は，2010年の状態と2050年の状態を比較したものだが，今度は，「なりゆき」シナリオと「2℃未満」シナリオでの2050年での状態を比較している。両シナリオでドライビングフォース（人口及び世界生産量）は同じとしており，従ってr_Dは1（＝100%）となるから，表ではこれを省略している。また，建築物についても，前節に述べた想定では，建築物量自体には差が出ないため省略した。

　まず，道路整備及び鉄道整備であるが，大きく変わったのは道路から鉄道へ輸送量分担を移したこと，及び，鉄路利用効率を上げたことである。輸送量変化ほどには車線キロ，軌道キロの変化はないのは，このこととバス普及，BRT・HSR整備及び乗車効率向上などが複合した効果である。

　発電については，省エネ促進による電力需要量低下（83.6%）と同時に，発電方式を再生エネルギー・原子力に大きく移す。その結果，両方式による2050年の発電比率（出力ベース）を，表-8及び表-10に記した数値から求めると0.129×0.536×2.474＋0.196×1.411×2.278＝0.801すなわち80.1%となる。さらに「2℃未満」シナリオでは，表-10には記していないが，火力の半分以上にCCS設備を付けることを想定しており，これらを合わせ，低炭素エネルギー比率としては90%以上に持ち込む想定である。このような高い低炭素エネルギー比率は，「2℃

5 「2℃未満」世界と建設業

未満」目標を実現させる必須条件（IPCC, 2014）であり，そのため後述するような発電設備の即急な置き換えが必要となってくる。

7 気候変動緩和策を組み込んだ国土・都市整備とは

表-2 は「2℃未満」を実現するための CO_2 の累積排出量の条件を示したものであった。現在の CO_2 排出量は，エネルギー起源のみで約 340 億 tCO_2（2012 年）だから，今すぐに等差級数的な削減を行ったとしても 10,100×2/340＝60 年後には排出量ゼロとしなければならない。しかし，今のところ，2020 年以前に，排出量を低下傾向に持ち込むのはほぼ無理と考えられている。一方，エネルギー起源以外の排出量を考慮すると，60 年と言わずもっと早く排出量ゼロとしなければならない。こうしたことを考えると，排出量削減はタイミングを逃さないよう，出来るだけ早く，かつ，出来ることは最大限することが基本となる。

この観点から，まず問題となるのは，建築物やインフラの寿命が数十年にもわたるため，一度構築するとその特性は以降数十年間にわたりロックインされてしまうことである。表-4 からわかるように，2010 年以前の建物の 63% が，2050 年に至っても使用され続ける。建築物の場合は，外皮改修によりある程度の緩和策が取れるが，新築・大規模改修時の方がより経済的な対応ができ，それらとの同期することが現実的である。発電設備にしてもそうで，2035 年時点で，その時に残留している現存施設からの CO_2 排出量は，発電部門全体の 50% 程度を占め，さらに，2050 年時点では「2℃未満」シナリオ排出量の 2.7 倍にもなる（IEA, 2012）。つまり，「2℃未満」とするためには，発電部門の革新とりわけ石炭火力発電設備の早期退役が必要となり，2010 年現在の 1,650GW のうち，一部は CCS 設備を付け継続運用するにしても，その大半である 850GW は耐用年数以前で退役させなければならないと考えられている。一方，再生エネルギーの設備整備を急ピッチで行わなければならず，例えば，太陽光発電の場合，これまでの実績である年あたり約 10GW（2006〜2010）の建設速度を，毎 10 年で倍々と増大させ，2050 年時点で 3,000GW 以上に到達しておく必要がある（IEA, 2012）。状況は，道路及び鉄

| **163**

道整備も同様であり，世界全体をマストラ中心のシステムに変更させるため，長期都市・国土計画などとの同期を図るとともに，それらの実施を可能とする制度的，技術的なサポート体制を確立することが，喫緊の課題となる。

　費用面からみると「2℃未満」目標への対応に伴って，建築物（外皮機能強化）及び発電設備は，ネットでコスト増（2050 年までの累積で，12 兆米ドル（IEA，2013）及び 9 兆米ドル（IEA，2015））となり，交通インフラ関係ではネットでコスト減（20 兆米ドル，Dulac，2013）となる。

　2010〜2050 年の経済成長率を年 3.2%（IEA，2015）とし，世界総生産のうち建築構造物及び土木構造物に 5%ずつ投資するとして時間割引率 0 で計算してみると，2050 年までの累積額は，それぞれ 300 兆米ドルとなる。従って，「2℃未満」対応に伴う事業費の増減は，両分野いずれにおいても数%内外であり，ネットの差は大きいものでないが，構築物の内容と質については，既に述べたように，かなりの違いがあることを理解しておかなければならない。

　本章冒頭に記したように，気候変動の緩和は，21 世紀の世界にとって極めて重要な課題である。しかし，世界が直面している問題はこれだけではない。例えば，その一つに貧困解消及び人間安全保障の確立がある。これに関し，国際連合では 2000 年頃から「ミレニアム開発目標」（MDGs）として 8 つの具体的目標を掲げその解決を図ってきた。計画最終年にあたる 2015 年 7 月，潘基文国連事務総長は「MDGs は歴史上最も成功した貧困撲滅運動であり，これからの持続可能な開発目標への踏み切り台になる」と総括したが，その推進力となったのは社会・経済インフラの蓄積・整備であった。2016 年以降，MDGs は「持続可能な開発目標」（SDGs）に引き継がれるが，ここにおいても，その主要な推進力は電力，交通，通信，上下水インフラの整備であり，そのため 2015〜2030 年の期間中，年 1.6〜2.5 兆米ドルの投資が必要と見積もられている（Zhan，2015）。「気候変動の緩和」にしろ，「持続可能な開発」にしろ，具体的には，社会・経済インフラ整備が重要な役割を果たしている。しかも事業量というよりもその内容・質について，どれだけ「低炭素」なのか，どれだけ「持続可能性」が高いのかが問われており，その解決いかんによって，人類の未来は明るくも暗くもなる。21 世紀の建設技術者に課された使命は，極めて重いのである。

164

参考文献

ALC-BRT (Across Latitudes and Cultures-Bus Rapid Transit): Global BRTdata, 2015. Available at: http://brtdata.org/.

Angel, S, Parent, J, Civco, D, Blei, A: The persistent decline in urban densities: Global and historical evidence of sprawl, Lincoln Institute of Land Policy Working Paper, 2010.

Bates, J, Leibling, D: Spaced Out, Perspectives on parking policy, Royal Automobile Club Foundation for Motoring, UK, 2012.

Chester, M, Horvath, M: Environmental assessment of passenger transportation should include infrastructure and supply chains, 2009.

Dulac, J: Global land transport infrastructure requirements, estimating road and railway infrastructure capacity and costs to 2050, Information paper, International Energy Agency, 2013.

IEA (International Energy Agency): Energy Technology Perspectives 2012, Pathways to a Clean Energy System, Directorate of Sustainable Energy Policy and Technology, 2012.

IEA (International Energy Agency): Transition to Sustainable Buildings: Strategies and Opportunities to 2050, Directorate of Sustainable Energy Policy and Technology, 2013.

IEA (International Energy Agency): Energy Technology Perspectives 2014—Harnessing Electricity's Potential, Directorate of Sustainable Energy Policy and Technology, 2014a.

IEA (International Energy Agency): Energy Technology Perspectives 2015—Mobilising Innovation to Accelerate Climate Action, Directorate of Sustainable Energy Policy and Technology, 2015.

IEA (International Energy Agency): Special Report, World energy investment outlook, Directorate of Global Energy Economics, 2014b.

IPCC: Climate Change 2013: The Physical Science Basis. Contribution of Working Group I to the Fifth Assessment Report of the Intergovernmental Panel on Climate Change [Stocker, T.F., D. Qin, G.-K. Plattner, M. Tignor, S.K. Allen, J. Boschung, A. Nauels, Y. Xia, V. Bex and P.M. Midgley (eds.)]. Cambridge University Press, Cambridge, United Kingdom and New York, NY, USA, 2013.

IPCC: Climate Change 2014: Mitigation of Climate Change. Contribution of Working Group III to the Fifth Assessment Report of the Intergovernmental Panel on Climate Change [Edenhofer, O., R. Pichs-Madruga, Y. Sokona, E. Farahani, S. Kadner, K. Seyboth, A. Adler, I. Baum, S. Brunner, P. Eickemeier, B. Kriemann, J. Savolainen, S. Schloemer, C. von Stechow, T. Zwickel and J.C. Minx (eds.)]. Cambridge University Press, Cambridge, United Kingdom and New York, NY, USA, 2014.

Kaya, Y: Impact of Carbon Dioxide Emission Control on GNP Growth: Interpretation of Proposed Scenarios. Paper presented to the IPCC Energy and Industry Subgroup, Response Strategies Working Group, Paris (mimeo), 1990.

Melia, S., Parkhurst, G. and Barton, H.: The paradox of intensification. Transport Policy, 18 (1). 46-52, 2011.

Mueller, D., Gang, L., Loevik, A., Modaresi, R., Pauliuk, S., Steinhoff, F. and Bratteboe, H.: Carbon

Emissions of Infrastructure Development, Environ. Sci. Technol., 47 (20), 11739-11746, 2013.

National Research Council: Driving and the Built Environment: The Effects of Compact Development on Motorized Travel, Energy Use and CO_2 Emissions. The National Academies Press, Washington D.C., 2009.

Rickwood, P., Glazebrook, G. and Searle, G.: Urban structure and energy—a review, Urban Policy and Research, 26 (1), 57-81, 2008.

Treloar, G., Fay, R., Love, P. and Iyer-Raniga, U.: Analysing the life-cycle energy of an Australian residential building and its householders, Building Research and Information, 28 (3), 184-195, 2000.

Treloar, G., Fay, R., Ilozor, B. and Love, P.: An analysis of the embodied energy of office buildings by height, Facilities, 19 (5/6), 204-214, 2001.

Zhan, J.: Investment, Infrastructure and Financing the Sustainable Development Goals, 2015. Available at: https://www.wto.org/english/tratop_e/devel_e/a4t_e/wkshop_feb15_e/Session-I_James_Zhan_UNCTAD.pdf.

6章

土木技術と土木技術者の役割

1 土木分野における緩和策

2015年11末から開催された気候変動枠組条約第21回締約国会議（COP21）で2020年以降の地球温暖化対策の法的枠組みを定めた「パリ協定」が採択された。この枠組みでは産業革命前からの気温上昇を2.0度未満に抑えるとともに、1.5度未満に収まるよう努力することを目的とし、各国はCOP21の開催前に国連に提出した自主的なCO_2等削減目標である約束草案（INDC）に従って、温室効果ガス削減に向けた努力が求められる。我が国はこの約束草案の中で、国内の排出削減・吸収量の確保により、2030年度に2013年度比26.0%減（2005年度比25.4%減）の水準（約10億4,200万$t\text{-}CO_2$）にすることを実現可能な削減目標としている。温暖化緩和策としてのCO_2等の対象ガスの削減対象は全分野であり、この中には当然、土木分野も含まれる。

気候変動に対する緩和策の中で最も重要なのは、我が国における温室効果ガス排出量の9割を占めるとされるエネルギー起源CO_2の排出を削減することである。本書においては、土木分野における緩和策のいくつかの戦略についての解説を行ってきた。本章は、最後に土木学会を中心として、これまで土木関連分野や土木技術者に示されてきたメッセージを総括し、今後の活動方針として、土木技術者らに課された使命を再認識し、地球温暖化緩和のために努力する土木技術者のあり方を内外に示すことを目的としている。

2 土木学会からのメッセージ

2-1. 土木学会アジェンダ21

リオ・デ・ジャネイロ市で地球サミット（環境と開発に関する国際連合会議）が開催された2年後の1994年に、土木学会は土木学会アジェンダ21（土木学会、1994）を策定し、地球温暖化対策として土木技術者が取るべき行動原則として、すでに以下のことを記載している。

「地球環境問題の自覚と自己啓発

・・・・・・・土木建設事業の成果は，世代を越えて長く人類と地球環境に貢献することが可能である反面，適切な対応を怠れば環境破壊の方向に働く可能性があり，ここに地球環境問題の解決に土木工学が貢献するべき大きな責務があることを認識する。大規模な土木建設事業の実施に際しては特に，その事業が自然環境や社会問題に関わる複雑な利害関係をはらんでいる場合が多いこと，短期的な経済性を優先し環境質の劣化と引換えに安易な妥協を図ることは後世に禍根を残し，また長期的にはかえって経済性を損なうことを十分に理解することが必要である。・・・・・・・ 土木建設事業の実施に際しては，以下に述べるような行動を取ることが望まれる。

再生不能なエネルギーの消費を最小にし，リサイクルに努めるとともに木材等の建設資材のような再生可能な資源についても再利用を図る等適切な利用に努める。とりわけ，土木建設事業が環境に与える影響を事業の計画段階から維持管理段階にわたって評価し，その影響の大きさを重要な判断基準にする姿勢が望まれる。

環境の悪化に関わる外部不経済コストと，良好な環境の創造によってもたらされる便益を土木建設事業の経済性評価の枠組みに含める，さらに，社会や歴史的文化遺産に土木建設事業が与える正負両面の影響を総合的に評価し，負の影響を緩和するミティゲーションを含めた事業に取り組む。

事業の遂行によって生じる環境問題について，土木技術者として率直な態度を取り，技術的な対応と環境影響についての情報を提供するように努めるとともに，事業計画への市民の理解，参加・協力が得られるよう努める。・・・」

このように，すでに 20 年以上前に緩和策における土木分野としての大まかな行動指針は示されていた。

2-2. 温暖化対策特別委員会報告書

アジェンダ 21 の策定から 14 年後の 2007 年度〜2008 年度には，当時の異常気象，特に酷暑や集中豪雨災害の頻発化が多くの市民らによって，認識されるようになってきた状況を背景として，土木学会全体で地球温暖化対策に取り組んでいくという姿勢を明確にするため，時限付き特別委員会である地球温暖化対策特別委

員会が設置され，地球温暖化影響小委員会，緩和策小委員会，適応策小委員会の3つの小委員会が構成された。そして，それぞれ影響評価研究の最新の知見，土木分野における緩和策，土木分野における適応策の取りまとめが行われた。その最終報告書「地球温暖化に挑む土木工学」（土木学会地球環境委員会，2009）において，土木分野の成すべきこととして，アジェンダ21の内容をより具体化し，緩和策の実現速度を上げるために，以下のことが述べられている。

「気候変動対策としての緩和策と適応策には土木分野が関わるものが広範に含まれるため，気候変動問題は，土木分野に新しい課題と使命を投げかけている。土木における対策の考え方と総括的方針として以下のことが言える。

1）**二面作戦**：温暖化対策の目標は，気候変動の進行を危険な水準以下に抑えることに据えるべき。そのためには，適応策と緩和策の2つの柱の適切な組み合せが必要。

2）**対策の主流化**：温暖化対策を社会経済政策の主要な政策分野の中に組み込むことが必要。

3）**土木の対象の特徴**：土木の対象は寿命が長く，一旦建設したら長く存続するため，土木分野は，緩和策の目的である「低炭素社会・地域」作りと適応策の目的である「長期的に安全・安心な国土」作りの両方に貢献すべき。

4）**複合・多重効果**：緩和策と適応策に対してともに有効な一石二鳥の対策を生み出すべき。また，個別の対策においても，副次的な効果や多重効果を持つものが望ましい。

5）**国のリーダーシップと専門部署の設立**：国家プロジェクトとして温暖化対策を推進し，将来の低炭素社会としての国土の姿，安全で安心な国土の姿を早期に示すことが必要。このために必要な法制度や技術体系などの仕組み，費用，組織や人材の確保など具体的戦略を併せて立案。政府に担当する専門部署を設立するなど強力な推進体制の構築が必要。

6）**地球温暖化賢人会議の設置**：不確実な予測の下，将来の破滅的なリスクを避けるために，予防的立場で政策を検討することが必要。このため様々な専門家が協力して地球温暖化への対応を検討する組織「地球温暖化賢人会議」を設置し，ここから政治と行政のリーダーに様々な提言や情報提供を行い，賢い選択を実現。

7）**土木技術の結集と地域貢献**：よりよい策を選択するためには全国の土木技術

を結集させることが必要。また，温暖化対策の具体的な検討・実施では，地方においても積極的に取り組む姿勢が必要であり，土木技術者は，それに対して積極的な貢献を果たすことが重要。

8）市民とのコラボレーション：市民・NGO 組織などとのコラボレーションが重要。このため誰もが自由に分かりやすく地球温暖化に関する情報を得られるデータベース作りなどの体制整備が必要。

9）国際貢献：途上国からの CO_2 排出は今後大きく増加するため，途上国における排出対策が極めて重要であり，ポスト京都議定書の国際枠組みでは，途上国の参加が不可欠。一方，大きな災害被害や食料危機，環境難民の発生は国際的不安定をもたらすため，途上国では，経済開発政策の中に気候変動への適応策を組み込んで，気候変動への備えをはかる適応策の主流化を行うことが必要。これら取り組みに対して，土木界は積極的に貢献すべき。

10）土木学会行動計画の推進：「土木学会地球環境行動計画－アジェンダ 21／土木学会－」に則った具体的な行動計画策定が必要。

11）強力の推進体制の整備：土木学会において地球温暖化対策を担当する学会横断的な組織が必要。これは従来の地球環境委員会のような調査研究委員会としてではなく，温暖化対策担当理事を設け，理事会直属の組織として学会全体に強力な指導力を発揮できる組織であることが必要。」

　このように，温暖化対策特別委員会では土木分野での緩和策の実現速度を上げていくために，土木学会などによる強力なリーダーシップの必要性が指摘されていた。これらの提言がなされてから 8 年ほどが経過し，着実に進んでいる項目もあれば，いまだ実現していない項目もある。特に「対策の主流化：温暖化対策を社会経済政策の主要な政策分野の中に組み込むことが必要。」という提言に大きな影響を及ぼしたのが，2011 年の震災である。震災後，エネルギーの最適化についての十分な議論がなされないまま，反原発，卒原発への議論が加速することとなり，温暖化対策が社会経済政策の主要な政策分野の中に組み込まれているとは言い難い状況が生じている。もちろん，原発を稼働させることによるリスクの中で，避けられるものは避けるべきであるが，気候変動や温暖化の進行による死者の増加が懸念される中，本当にあるべき政策を提案することも，広く社会全体を見つめ，社会の構造を構築していく土木分野の役割である。

2008年の特別委員会の最終報告書「地球温暖化に挑む土木工学」では，土木界としての具体的対策として，緩和策については以下のように述べられている。

「・・・気候変動に対する緩和策の中で最も重要なのは，エネルギー消費に由来する温室効果ガス排出削減である。その基本的戦略は，エネルギー消費量削減と，エネルギー供給にあたって炭素強度が低く，可能な限り再生できるエネルギーを開発，利用するという二点である。これらの基本戦略に対して，土木分野は個々の土木事業において二酸化炭素を排出すると同時に，社会の基盤を形成することを通じて中・長期的に二酸化炭素の排出に深い関わりを持つため，その削減に貢献することが期待される。また，土木は研究開発の面においても，気候変動問題のほぼすべての領域を対象としている。緩和策に関するものでは，さまざまな対策の連携，シナリオ研究，政策，産業構造変化，社会的な要因，経済的な側面などの課題に対して，土木分野の持つ拡がりを活かした研究開発を推進していくことが求められる。これらの特徴を持つ土木分野は低炭素社会形成にむけ戦略を立て，実行していくことが有効であり，また求められている。その戦略は以下の8項目に大別できる。

1）土木工事における排出削減：建設機械の高効率化，省エネ型施工技術の開発など，土木工事における省エネにより温室効果ガスの排出削減を実施。

2）土木材料由来の排出削減：セメントや鉄などの材料についてのリサイクル材料の利用，木材などの低炭素素材への転換など，土木材料のライフサイクルにおける温室効果ガスの排出を明らかにし，その削減を実現。

3）ライフサイクルを通した土木施設からの温室効果ガス排出削減：土木施設の長寿命化，および上下水道施設などの運用時の省エネ技術やエネルギー回収技術の開発と普及。

4）政府調達における環境負荷削減メカニズムの組込：政府の公共調達を価格だけでなく，温室効果ガス排出量，リサイクル材の利用など，ライフサイクルでの環境負荷によっても評価する制度を設けるべき。

5）土木構造物の利用により誘発される温室効果ガスの排出削減：ボトルネック踏切対策，ITS による道路交通の円滑化など，交通施設利用時の省エネに資する技術の開発・普及。

6）低炭素エネルギー技術の開発・支援：水力や風力などの再生可能エネルギー

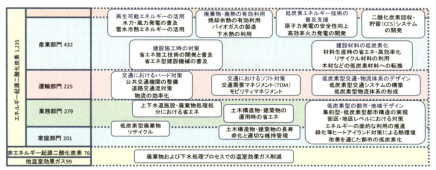

図-1 土木分野における緩和策（温室効果ガスの排出抑制）
（2015年，土木学会発行「気候変動への適応・緩和策パンフレット」中の図を修正）

に関わる技術開発や普及などの支援，原子力発電の着実な推進や高効率火力発電や炭素回収貯留などの技術開発支援．

7) 都市・交通計画による低炭素都市システムの構築：都市計画，交通計画により低炭素型都市インフラと都市構造を形成．

8) 途上国支援：クリーン開発メカニズムなどを活用した技術や計画の支援により，途上国での温室効果ガス排出削減に貢献．

・・・」

これらの戦略での，土木分野における温室効果ガス排出抑制策を，排出部門別により具体的に例示すると図-1のようになる。このように全ての排出部門において，土木分野の果たすべき役割は大きい。

2-3. 土木学会創立100周年宣言

「地球温暖化に挑む土木工学」の提言内容は，2014年11月21日に開催された土木学会100周年記念式典において公表された「土木学会創立100周年宣言」（土木学会，2014）の中にも引き継がれている。その宣言の本文は，「過去100年に対する理解」，「今日の土木の置かれた立場」，「今後目指すべき社会と土木」，「持続可能な社会実現に向け土木が取り組む方向性」，「目標とする社会の実現化方策」，「土木技術者の役割」，「土木学会の役割」からなる。その「今後目指すべき社会

と土木」の中で，「土木は地球の有限性を鮮明に意識し，人類の重大な岐路における重い責務を自覚し，あらゆる境界をひらき，社会と土木の関係を見直すことで，持続可能な社会の礎を構築することが目指すべき究極の目標と定め，無数にある課題の一つ一つに具体的に取り組み，持続可能な社会の実現に向けて全力を挙げて前進する」ことを宣言している。ここで「土木」とは土木技術者や土木業界，土木学会といった主体としての土木であり，「あらゆる境界をひらき」は学会内外のあらゆる主体と，あらゆる技術や事業等の面で連携や協力を推し進めることを意味している。つまり「人類の重大な岐路」と言える地球温暖化問題においても，地球の有限性を意識し，あらゆる方策，連携関係などを用いて，持続可能な社会を実現すべく全力を挙げて前進していくことが，土木技術者としての最大の目標となる。

　そして次の「持続可能な社会実現に向け土木が取り組む方向性」は，「安全」，「環境」，「活力」，「生活」の各項目について示されており，特に「環境」においては，「自然を尊重し，生物多様性の保全と循環型社会の構築，炭素中立社会の実現を早めることに貢献するとともに，社会基盤システムに起因する環境問題を解消し，新たな環境の創造にあらゆる境界をひらき取り組む」べきであるとしている。つまり地球温暖化対策の観点からは，緩和策を推進することで「新たな温室効果ガスを大気中に排出しない炭素中立社会」という新たな環境を創造し実現することを早めるための技術の確立に，土木技術者としては，あらゆる境界をひらき，出来る限りの力を持って取り組むべきであるという方向性が示されている。

　「目標とする社会の実現化方策」については，「社会と土木の100年ビジョン」（土木学会，2014）において，温室効果ガス排出の現状分析の後，次のように直ちに取り組むべき方策が示されている。「・・・産業，行政，国民など社会のあらゆるセクターが，地球の有限性を認識し，大量生産・大量消費・大量廃棄社会から脱するとの意識を持ち，選択や意志決定の際に，省エネルギー・低炭素エネルギーの推進や，3Rの推進による資源生産性の向上等によって，二酸化炭素の排出を最小化するための配慮を徹底する社会システムの構築が必要である。温室効果ガスの排出量を抑制するためには，自然エネルギーの利用，省エネルギー型の国土形成，低炭素型の土木事業やまちづくり及び運輸部門を含め運用段階での取り組みなどを行う必要があり，短期的には小水力発電の積極的な導入，モーダルシフト，

カーボンオフセット，低炭素型のコンクリートなどの素材の選択，多自然川づくりなどがあげられる。・・・」また，エネルギー分野における「目標とする社会の実現化方策」においても，「・・・省エネルギーの徹底と再生可能エネルギーの開発に最大限の努力を続けながら，同時に化石エネルギーの効率的利用や非在来型エネルギーの開拓，原子力エネルギーの安全な利用なども加えた適切なエネルギーミックスのもと，多層化・多様化した柔軟なエネルギー需給構造を構築することにより，安全で安定したエネルギー利用の実現を目指していくこと」を目指すべき目標とし，より具体的には，「再生可能エネルギーを中心に，生産・調達・流通・消費のニネルギーチェーン全体の観点でバランスのとれた循環型の持続的なエネルギーシステムの確立を最上位の目標事項としつつ，これを実現するための短中期的取組にあたって，」安全性，安定供給，経済性，環境保全の 4 点のバランスのとれた実現を，目標とする事項として挙げている。エネルギーを得るための温室効果ガス排出量の増加について，東日本大震災後の原子力発電所運転停止に伴う火力発電所の焚き増しによる CO_2 排出についての現状分析などを行い，直ちに取り組むべき方策として，再生可能エネルギー拡大に向けて，供給側としては，地熱，風力，太陽光，水力などのより有効な利用を可能とする技術開発，インフラ整備などが必要であることを述べると共に，需要側の取り組みとして各産業部門における省エネルギー対策の普及，拡大が必要であり，図-1 に示したような具体的施策を例示している。さらに長期に取り組む方策としては「省エネルギー技術を通じた地球規模の問題解決に向けた貢献」が必要であり，「エネルギーミックスの抜本的再構築として，エネルギー自給率の向上，温室効果ガス排出量削減」への土木技術からの貢献が必要であるとしている。このように目標とする持続可能な社会を実現するために，様々な分野での緩和策への土木技術の貢献の必要性を再認識している。

　「土木技術者の役割」としては，「土木技術者は，社会の安全と発展のため，技術の限界を人々と共有しつつ，幅広い分野連携のもとに総合的見地から公共の諸課題を解決し社会貢献を果たすとともに，持続可能な社会の礎を築くため，未来への想像力を一層高め，そのことの大切さを多くの人々に伝え広げる責任を全うする。」とまとめられ，「具体的な土木界と土木技術者の役割」の一つは，「地球温暖化対策の推進」であるとしている。

3 結語として

　本書に示してきたように，地球温暖化対策としての緩和策に対して，土木技術の役割は多岐にわたっており，また，その中心的役割を担っていると言っても過言ではない。土木技術者はこのことを認識し，誇りを持って諸課題解決のために全力で貢献し，持続可能社会構築の重要性を多くの人々に伝え広げることが必要である。また，他分野，そして一般市民の方々にも，地球温暖化対策への土木分野からの貢献を正当に評価するとともに，低炭素社会実現へ向けての土木界への叱咤激励を求めたい。

参考文献

土木学会：土木学会創立 100 周年宣言，2014：http://jsce100.com/system/files/JSCE_Centennial_Declaration.pdf（アクセス日:2015.6.10）

土木学会：土木学会地球環境行動計画—アジェンダ 21／土木学会：土木学会誌，79(5)，121-125，1994.

土木学会将来ビジョン策定特別委員会：社会と土木の 100 年ビジョン，土木学会，2014：http://committees.jsce.or.jp/jscevision/system/files/100vision_1.pdf（アクセス日 2015.6.10）

土木学会地球温暖化対策特別委員会：地球温暖化に挑む土木工学，土木学会，2009：http://www.jsce.or.jp/committee/ondanka-taisaku/ondanka_hokoku.shtml（アクセス日 2015.6.10）

著者一覧

はしがき：豊田　康嗣（電力中央研究所）

　　　　　河瀬　玲奈（滋賀県琵琶湖環境科学研究センター）

　1章：塚田　高明（鹿島環境エンジニアリング株式会社）

　2章：高島　賢二（電力土木技術協会）

　3章：林　　良嗣（中部大学総合工学研究所）

　　　　中村　一樹（香川大学工学部）

　4章：森口　祐一（東京大学大学院工学系研究科）

　5章：松岡　　讓（京都大学名誉教授）

　6章：米田　　稔（京都大学大学院工学研究科）

定価（本体2,700円＋税）

低炭素社会に挑む土木

平成28年8月26日　第1版・第1刷発行

編　集……土木学会地球環境委員会
　　　　　気候変動の影響と緩和・適応方策小委員会
　　　　　緩和策ワーキンググループ

発行者……公益社団法人　土木学会　専務理事　塚田　幸広

発行所……公益社団法人　土木学会
　　　　　〒160-0004　東京都新宿区四谷1丁目（外濠公園内）
　　　　　TEL　03-3355-3444　FAX　03-5379-2769
　　　　　http://www.jsce.or.jp/

発売所……丸善出版株式会社
　　　　　〒101-0051　東京都千代田区神田神保町2-17神田神保町ビル
　　　　　TEL　03-3512-3256　FAX　03-3512-3270

©JSCE2016／The Committee on Global Environment
ISBN978-4-8106-0920-2

印刷・製本・用紙：名鉄局印刷（株）

・本書の内容を複写または転載する場合には、必ず土木学会の許可を得てください。

・本書の内容に関するご質問は、E-mail（pub@jsce.or.jp）にてご連絡ください。